库车前陆盆地油气勘探系列丛书

库车前陆冲断带新生界砾岩层分布与识别技术

杨宪彰　许安明　孙海涛　等著

石　油　工　业　出　版　社

内 容 提 要

　　本书系统总结了库车前陆盆地在浅层砾岩体识别与预测技术攻关中形成的关键技术措施。首次实现了该区浅层砾石层的识别与精细预测,成果被广泛应用在地震速度建场、圈闭落实与井位优选、地震处理和工程决策四大领域,有力推动了该区天然气勘探开发进程。

　　本书可供地质勘探一线的科研技术人员、高等院校石油勘探专业教学以及地质学爱好者参考和学习。

图书在版编目(CIP)数据

　　库车前陆冲断带新生界砾岩层分布与识别技术/杨宪彰等著. —北京:石油工业出版社,2018.1

　　(库车前陆盆地油气勘探系列丛书)

　　ISBN 978 – 7 – 5183 – 2418 – 7

　　Ⅰ. ①库… Ⅱ. ①杨… Ⅲ. ①塔里木盆地 – 前陆盆地 – 冲断层 – 砾岩 – 研究 Ⅳ. ①P618.130.2

　　中国版本图书馆 CIP 数据核字(2017)第 322968 号

出版发行:石油工业出版社

　　(北京安定门外安华里 2 区 1 号　100011)

　　网　　址:www.petropub.com

　　编辑部:(010)64523543　图书营销中心:(010)64523633

经　　销:全国新华书店

印　　刷:北京中石油彩色印刷有限责任公司

2018 年 1 月第 1 版　2018 年 1 月第 1 次印刷

787×1092 毫米　开本:1/16　印张:12.25

字数:310 千字

定价:120.00 元

《库车前陆冲断带新生界砾岩层分布与识别技术》

编 写 人 员

杨宪彰　许安明　孙海涛　吴　超　师　骏

陈元勇　潘杨勇　王　斌　章学岐　史玲玲

前　　言

库车前陆冲断带克拉苏构造带盐下深层是塔里木油田近几年来最为重要的勘探领域,先后发现了克深2、克深8、克深9、克深5、大北3等一批大中型气藏,基本落实了$1 \times 10^{12}\text{m}^3$天然气资源规模,成为塔里木油田实现油气当量$0.3 \times 10^8\text{t}$油气规划目标的主阵地,同时奠定了库车前陆盆地作为我国天然气生产主力区的地位。克拉苏构造带盐下天然气赋存在白垩系巴什基奇克组砂岩储层中,上覆古近系巨厚膏盐岩层,由于构造运动及不均衡载荷引起盐层塑性流动,厚度变化剧烈,从$200 \sim 4000\text{m}$不等。新近纪在天山强烈抬升与干旱气候条件下,沉积了巨厚的砾石层,这套砾石层厚度、岩性岩相横向变化剧烈、砾石成分复杂、胶结程度不一,给深层油气勘探带来巨大困扰。其主要体现在三个方面:一是厚度变化区间大,导致关键地质层位预测不准,设计与实钻误差大;二是砾石层纵横向岩性岩相变化大,速度变化剧烈,难以准确把握,圈闭落实程度低,造成部分钻井失利;三是砾石成分变化快,可钻性差,钻井工程遭遇战时有发生,钻井周期长,成本居高不下,甚至工程报废。长期以来,一直缺乏有效技术手段进行砾石层精细刻画。砾石层成为探索盐下深层丰富油气的"拦路虎"。

为解决这一制约油气勘探的瓶颈问题,2007年以来,塔里木油田公司勘探开发研究院以地质服务于工程的理念,把"非目的层"当作"目的层"研究,汇集各领域专家开展联合攻关,组成库车浅层巨厚砾石层识别与刻画技术团队,基于现代冲积扇沉积与年代地层学理论,利用三维重磁电、地震资料进行联合反演,有效识别和预测巨厚砾石层岩性、岩相及空间展布,从而为复杂区地震速度建场、地震处理、圈闭落实与井位优选、工程决策提供依据。主要对库车中部浅层砾石层进行进攻性措施,采取浅层地震地质统层、冲积扇物源追踪与厘定、大面积部署三维重磁电、井约束下地震反演、砾石层年代地层分析五大技术措施;创新了包括冲积扇物源追踪与厘定、非地震与地震融合、年代地层学雕刻、砾石层地震属性反演四大核心技术;编制了克拉苏构造带浅层砾石层岩性岩相预测剖面、砾石层厚度图、井约束地震反演平面图、浅层砾石层沉积古地理图四大图件。首次实现了该区浅层砾石层的识别与精细预测,成果被广泛应用在地震速度建场、圈闭落实与井位优选、地震处理、工程决策四大领域,有力推动了该区天然气勘探开发进程。

库车前陆盆地浅层砾岩体识别与预测技术的创建和应用有力推动了克拉苏深层天然气勘探,得到了前陆区油气勘探同行的高度评价,被中国石油推广至我国中西部五大前陆盆地油气勘探中。系统总结前期攻关成果,凝练技术,推动这一技术不断完善与发展,是本书编写的主要目的。同时,也希望本书阐述的砾石体识别技术与想法能对地质综合研究工作者提供有益的启发和借鉴。

本书的内容共五章,第一章简单探讨了库车前陆盆地区域地质背景,并系统总结了油气勘探过程中浅层砾石层对深层圈闭落实、钻井工程和地震处理三个方面的影响,由杨宪彰执笔,李勇审定;第二章着重阐述了库车前陆冲断带新生界分布规律及巨厚砾石层发育特征,由孙海涛执笔,雷刚林审定;第三章重点讲述了适用于库车前陆冲断带巨厚砾岩体的识别与刻画技术,是全书的重点所在,由杨宪彰执笔,李勇审定;第四章系统总结了库车前陆冲断带新生界砾岩层沉积模式与控制因素,由徐振平执笔,李勇审定;第五章系统分析了砾岩层预测技术在油气勘探中的应用,由吴超执笔,李勇审定。

　　参加本书编写工作的还有:吴超、李青、陈元勇、钟大康、孙海涛、罗海宁、谷永兴、许安明、周露、莫涛、吴庆宽、杨树江、张文、王媛、邸宏利、史玲玲、谢彬等。特别感谢陈常超硕士为本书最后统稿与校验付出的努力。田军、王清华、杨海军、谢会文等勘探研究专家对本书提出了宝贵建议,感谢他们对本书做出的无私奉献。由于本书笔者主要为一线生产技术人员,加之水平有限,书中观点难免有不妥之处,敬请广大读者批评指正。

目　　录

第一章　概　　述

　　库车前陆冲断带位于塔里木盆地北缘,北与南天山断裂褶皱带以逆冲断层或不整合相接,南为塔北隆起,东起阳霞凹陷,西至乌什凹陷,是一个以中、新生代沉积为主的叠加型前陆冲断带,整体呈 NEE 向展布,东西长约 350km,南北宽 30 ~80km,面积约 $2.8 \times 10^4 km^2$。库车前陆冲断带涵盖三个次级冲断带与三个凹陷(图 1 - 1),三个次级冲断带由北至南分别为克拉苏冲断带、依奇克里克冲断带、秋里塔格冲断带;三个凹陷从西向东分别为乌什凹陷、拜城凹陷和阳霞凹陷。

　　库车前陆冲断带油气地质条件优越,油气资源丰富,通过 60 多年的勘探开发,取得了举世瞩目的成就,发现并高效开发了诸如克拉 2、迪那 2、克深等一个又一个大中型油气田,为推动我国西气东输,优化能源结构,及新疆跨越式发展发挥了至关重要的作用,成为我国前陆盆地油气勘探的典范。但由于地表、地下条件极其复杂,其勘探难度之大,世所罕见。具体体现在以下四个方面:(1)陆上超深层,目的层主体埋深在 6500 ~8000m。(2)复杂山地、前陆冲断带,地表、地下地质条件复杂。工区处于高山区,地表海拔从 1400m 至 3500m,山体林立、沟壑纵横、人迹罕至,给现场施工带来极大挑战;盐上中浅层刚性地层冲断强烈、地层高陡,伴生快速相变的冲积扇砾岩,最大厚度超过 5400m;中深层复合盐层塑性流动,厚度变化大,最厚超过 4000m,盐、膏、泥互层,欠压实泥岩与超高压盐水层共存,压力系数高达 2.64;盐下深层为高陡断背斜构造,地应力场复杂,工区北部 2 ~3 组断片垂向逆掩,叠置率最高达 80%。(3)目的层为陆相低孔低渗砂岩储层,孔隙度一般在 3% ~7%,平均基质渗透率低于 0.1mD。(4)气藏高温高压,地层温度一般 130 ~170℃,最高达到 192℃;地层压力一般 90 ~120MPa,最高达到 127MPa。总之,前陆冲断带、超深层、巨厚复合盐层、低孔低渗砂岩储层、高温高压气藏等复杂地质条件交织,导致库车前陆冲断带油气勘探是始终面临的世界级难题。

　　纵观库车前陆冲断带油气勘探史,就是一部科技攻关史,技术瓶颈攻克成功一块,油气勘探就突破一个区带。库车勘探人信奉“油气勘探不息,技术攻关不止”的信条,只要坚持攻关,就一定能够带来山地勘探技术的飞速发展和油气勘探的新突破。譬如库车山地地震勘探始终坚持“勇闯禁区、攻坚啃硬、挑战极限、精益求精”的山地精神,持续改善山地地震成像质量,大幅提高地震成图精度;针对以往单线地震剖面信噪比低、以二级和三级品质为主、盐下深层基本为空白反射的问题,以宽线 + 大组合采集取代单线采集。通过宽线横向面元组合叠加、检波器大组合压制侧面干扰,采用宽线大组合拟三维地震处理方法,使有效覆盖次数较单线提高 4 ~6 倍,首次获得盐下深层目的层清晰反射,原始资料一级品率从单线的 25% 提高到 60% 以上。地震采集针对窄方位三维的复杂区成像仍然不理想,基于叠前偏移处理对三维地震数据体的要求,三维观测系统以宽方位角代替窄方位角(方位横纵比由 0.2 提高到 0.8 左右),获得更完整的波场信息;以高炮道密度代替低炮道密度(炮道密度由 25 提高到 50 左右),对波场进行充分采样;覆盖次数由 90 次提高到 300 次左右,提高了地震资料的信噪比、速度建场和偏移的精度、复杂构造成像质量。地震处理采用近地表小圆滑面取代大圆滑面解决偏移基准面引起的波场畸变,阵列式微测井约束下的层析反演技术替代传统小折射解决复杂表层静校正问

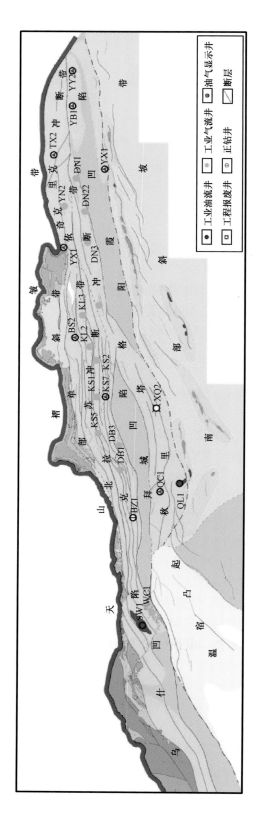

图1-1　库车前陆冲断带构造单元区划图

题,井控三维地震—非地震联合反演辅助速度建模,倾斜介质(TTI)取代水平介质(VTI)、各向异性取代各向同性建立地质体横向突变下的精细速度模型。库车山前大面积叠前深度偏移地震资料品质全面优于时间域,解决了盐下深层成像质量差、偏移归位不准的构造假象问题。

山地超深钻井也是如此,十年前库车山地6000m深度钻探技术刚刚起步,7000m深度钻探尚无先例,探索深层的西秋2、克拉4井经历多次加深钻至6400m左右,以及井身结构、钻井装备等条件制约,已接近目的层但均因设备及技术限制提前工程完钻。基于常规($20in + 13\frac{3}{8}in + 9\frac{5}{8}in + 7in + 5in$)井身结构难以实现复合盐层、多压力系统、超深井钻探目的,以"盐层专打、提高钻探成功率"的设计理念,提出了多压力体系超深井井身结构设计原则,研发了塔标Ⅱ($20in + 14\frac{3}{8}in + 10\frac{3}{4}in + 7\frac{3}{4}in + 5\frac{1}{2}in$)、塔标ⅡB($24in + 18\frac{5}{8}in + 14\frac{3}{8}in + 9\frac{5}{8}in + 7in + 5in$)井身结构及配套塔标系列钻具、非API标准的高钢级高强度套管系列,批量引进80D、90D新型钻机,满足了高效勘探开发需求。针对盐上巨厚高陡砾石层,发展了垂直钻井、高效PDC钻头等提速技术,创新了空气钻井工艺;针对中部复合盐膏层,发明了深井井壁围岩稳定钻前预测方法,研制了强化井壁围岩稳定的UDM-1饱和盐水磺化耐高温钻井液(耐温180℃、密度2.55g/cm³)、UDM-3抗高温高密度有机盐钻井液体系(耐温220℃、密度2.50g/cm³),创新了高温高密度油基钻井液技术;针对盐下高研磨性储层,精细描述地层岩石强度,建立钻头破岩能力评估模型,形成小井眼高效PDC钻头提速技术。解决了高陡构造防斜打快、巨厚砾石层提速、复合盐层井壁稳定性、目的层可钻性等难题,实现了高陡构造区域钻井提速重大突破。

同样,本书所阐述的前陆盆地巨厚砾岩体识别与预测技术何尝不是一部科技攻关史,随着库车油气勘探向深层迈进,新生界巨厚砾石层给深层油气勘探开发造成巨大的困扰,体现在三个方面。一是厚度分布广,导致关键地质层位预测不准,设计与实钻误差大;二是砾石层纵横向岩性岩相变化大,速度变化剧烈,难以准确把握,导致圈闭落实程度低,部分钻井失利;三是砾石成分变化快,可钻性差,钻井工程遭遇战时有发生,钻井周期长,成本居高不下,甚至工程报废。长期以来,一直缺乏有效技术手段进行砾石层精细刻画。2007年以来,以地质服务于工程的理念,把"非目的层"当作"目的层"研究,汇集各领域专家开展联合攻关,组成库车浅层巨厚砾石识别与刻画技术团队,对库车中部浅层砾石层进行进攻性措施。采取包括浅层地震地质统层、冲积扇物源追踪与厘定、大面积部署三维重磁电、井约束下地震反演、砾石层年代地层分析五大技术措施;创新了包括冲积扇物源追踪与厘定、非地震与地震融合、年代地层学雕刻、砾石层地震属性反演四大核心技术;编制了库车前陆冲断带浅层砾石层岩性岩相预测剖面、砾石层厚度图、井约束地震反演平面图、浅层砾石层沉积古地理图四大图件。实现了该区浅层砾石层的识别与精细预测,成果被广泛应用在前陆冲断带地震速度建场、圈闭落实与井位优选、地震处理、工程决策四大领域,有力推动了该区天然气勘探开发进程。

第一节　库车前陆冲断带构造—沉积演化

一、库车前陆冲断带形成演化

库车前陆盆地位于塔里木盆地的北缘、天山之南,属中、新生代盆地。在中生代,盆地范围在牙哈—库车—温宿一线以北;至新生代晚期,盆地范围扩展至今塔里木河流域。早在20世纪30年代,就已开始了该盆地的地质研究(丁道衡,1931;袁复礼和杨钟健,1934),但由于该区构造复杂,对盆地性质和盆地构造的认识并不深入。概括起来,对库车盆地的性质主要有以下一些观点:

（1）周朝济等（1980）认为库车盆地在中生代为断陷型盆地，在新生代为挤压山前盆地；

（2）李德生（1982）认为库车盆地为中、新生代山前坳陷；

（3）贾承造等（1990）认为库车盆地在三叠纪为前陆盆地，在侏罗纪为陆内坳陷盆地，在白垩纪—第四纪为复合前陆盆地；

（4）卢华复等（1994）认为库车盆地为再生前陆盆地；

（5）钱祥麟、杨庚等（1994）认为库车盆地为陆内挠曲盆地。

笔者认为，库车盆地是叠合于古生代塔里木北部大陆边缘之上的中、新生代前陆盆地，南天山向南的冲断负荷引起的构造沉降是其发生的基本诱因，山体的隆升、冲断推覆、剥蚀的连续作用过程，控制了库车前陆盆地的发生与发展。

库车前陆盆地基底由前震旦系浅变质石英片岩、花岗岩组成。库车盆地（中、新生界）下伏古生界为被动大陆边缘沉积，经历了7个构造演化阶段（图1-2）。

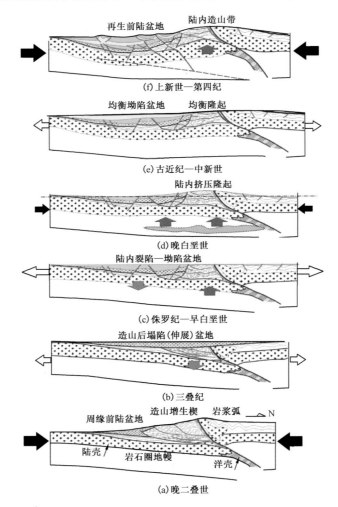

图1-2　塔里木盆地北部—南天山中、新生代区域构造演化示意图

（1）震旦纪的伸展分裂阶段。

塔里木板块在震旦纪经历了伸展裂陷阶段，如辉长岩、玄武岩等基性岩的侵入或喷发，下震旦统内的正断层及其组合可能为这期构造事件的响应。

（2）寒武—奥陶纪被动大陆边缘阶段。

伊犁地块在震旦纪（—中寒武世）从塔里木板块分离，其间发育形成南天山洋（南天山洋时代有争议），库车区处于被动大陆边缘，发育碳酸盐岩、砂岩、泥岩。库车坳陷之下古生界的赋存一直存在争议，但从基底及中生界埋深分析，古生界的厚度大致在 500～2000m。

（3）志留—泥盆纪南天山洋俯冲阶段。

南天山洋在志留—泥盆纪俯冲于伊犁—中天山板块或哈萨克斯坦板块之下。据古板块构造分析（孟自芳，1993；方大钧，1994），这一视俯冲方向当时为西北，现今为向北；这期俯冲事件于泥盆纪末结束，但受海西早期运动的影响，南天山洋盆闭合，后来发展到碰撞阶段即告结束，这类板块作用带是俯冲型板块会聚带（高长林等，1993）。

（4）石炭纪—早二叠世弧后盆地阶段。

海西早期运动使南天山洋闭合以后，受北天山洋形成及其后期向南的俯冲影响，在南天山区于石炭纪形成弧后裂陷盆地，早二叠世逐渐闭合。昆仑洋的拉开及其后期闭合作用，对该区可能也产生一定影响。石炭纪—早二叠世塔北、南天山、柯坪、塔中地区广大范围内强烈的岩浆活动，发生于石炭纪和早二叠世中晚期及末期，以后者更为广泛。在南天山石炭系中发育了多套中—基性、酸性火山岩和浅成侵入岩。经分析表明，它们形成于岛弧向大陆一侧的过渡地带，即处于弧后环境；南天山早二叠世地层发育中—酸性火山岩及浅成侵入岩，为钙碱性系列火山岩，轻稀土富集、具明显的铕负异常，与石炭纪火山岩相比，下二叠统火山岩碱性程度增高，轻稀土丰度增高，配分曲线斜率更陡，铕负异常更明显。这些特征表明南天山弧后盆地于早二叠世开始转入闭合。关于石炭纪—早二叠世弧后盆地的俯冲极性问题，有两种截然相反的观点：① 南天山洋盆向伊犁—中天山板块之下俯冲消减（王作勋等，1990；Allen，1992）；② 郭召杰等（1993，1994）认为南天山洋盆向塔里木板块之下俯冲，南天山洋盆消亡闭合时中天山岛弧是俯冲楔，塔里木是仰冲楔，两者间为南天山洋盆残骸的蛇绿混杂带。实际上，这一时期，南天山岩浆岩带主要为"S"形花岗岩，中天山岛弧与塔里木板块碰撞于石炭纪（早二叠世已经结束）。

（5）晚二叠世—三叠纪前陆盆地阶段。

南天山弧后盆地关闭的巨大挤压力及昆仑洋俯冲作用力使塔里木板块向南天山发生 A 型俯冲，南天山褶皱冲断带作用于塔里木板块使之挠曲下沉，形成弧后前陆盆地。上二叠统在盆地北缘分布零星，主要为近源冲积扇沉积。三叠系沿盆地北缘发育大量的扇三角洲，向盆地内依次为辫状河三角洲—浅湖—半深湖相—深湖相沉积，在塔北前缘隆起缺乏三叠系沉积。库车前陆盆地在晚二叠世—三叠纪湖盆变浅、范围较窄，这可能与塔里木北部岩石圈受前期构造作用软化、抗挠强度低有关，有可能与塔北前缘隆起软弱带有关（如岩石圈有效弹性厚度可能较低）。

（6）侏罗纪陆内坳陷盆地阶段。

侏罗纪的盆地明显不同，湖盆变浅变宽，沉积物较细，反映为一构造宁静期，晚侏罗世盆地逐渐萎缩，水体变浅，发育干旱湖泊相紫红色泥质岩类。塔北前缘隆起向南迁移，岩石圈的有效弹性厚度即抗挠刚度增大可能是盆地变浅拓宽的原因之一。

（7）白垩纪—第四纪前陆盆地阶段。

据沉积速率和剥蚀速率分析，白垩纪南天山在该期隆升速率有所增加。古近纪构造发展进入相对宁静期，相应发生应力松弛。新近纪南天山向前陆大幅度冲断，巨厚的冲断负荷作用使塔北岩石圈迅速下弯；柯坪断隆走滑作用发生，使阿瓦提前陆坳陷与库车前陆坳陷合并，两者的前缘隆起向南南东方向迁移。

二、库车前陆盆地中、新生代沉积特征

(1)中、新生代沉积单元。

库车盆地中、新生代地层发育较为齐全,在盆地北缘露头和盆内钻井都有揭示,在前陆盆地不同构造部位,由于沉积物物源区、沉积动力等不同导致地层发育特征的不同(图1-3)。

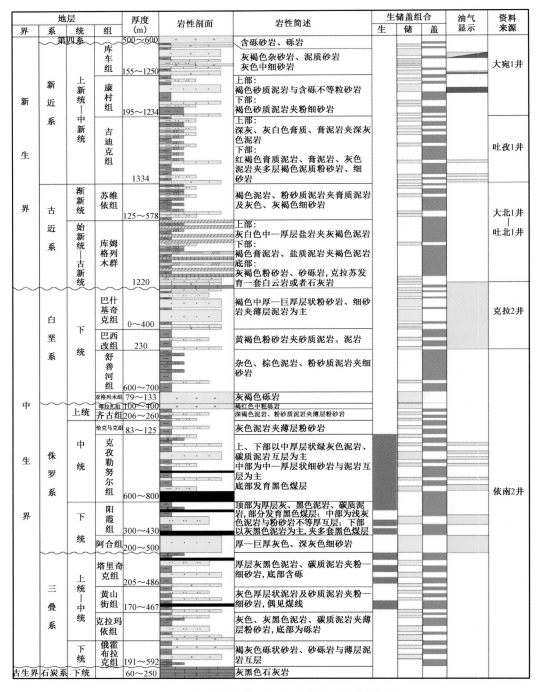

图1-3 库车前陆盆地中、新生代地层柱状剖面图

三叠系:主要为一套陆相碎屑岩沉积。形成于冲积扇—河流—滨浅湖、三角洲环境,夹有煤系地层。不整合于下伏二叠系或更老地层之上,与上覆侏罗系呈不整合接触。三叠系厚度自南向北加厚,分布范围较侏罗系小。

侏罗系:为一套含煤地层,属三角洲平原—湖泊—沼泽相,与下伏三叠系为整合或平行不整合接触,或角度不整合于前中生界之上。沉积厚度北厚南薄,呈现向南部前缘斜坡的超覆特征。

白垩系:下白垩统发育,上白垩统缺失。为一套砂、泥岩互层沉积,属扇三角洲—辫状河三角洲—滨浅湖相。与下伏侏罗系主要为不整合接触。沉积厚度总体北厚南薄、西厚东薄。

古近系库姆格列木群:大致以库车河为界分为东西两大相区。西部为膏盐岩夹泥岩相区,为浅湖—潟湖—干盐湖沉积。东部为一套砂、泥岩沉积,属河流—滨浅湖相,与下伏白垩系普遍呈不整合接触。古近系膏盐岩明显受后期构造变形控制,厚度变化大。

新近系吉迪克组:为一套泥岩、粉砂岩、泥质粉砂岩和膏盐岩。膏盐岩主要分布在盆地东部,属滨浅湖—潟湖相沉积,沉积厚度向北加厚,最厚达3000m。

新近系库车组、康村组—第四系:岩性主要为砂泥岩、砾岩,属河流—泛滥平原相沉积。沉积厚度向北部库车坳陷增厚,在拜城凹陷厚达5000余米。

(2)库车前陆盆地中、新生代沉积演化特征(表1-1)。

表1-1　库车前陆盆地沉积特征及周缘构造活动对比表(据杨庚,1994)

界	系	统	组	岩性描述	岩相特征	天山构造活动	青藏高原地体增生事件
新生界	第四系	更新统	西域组（Q₁x）	灰棕、灰色砾岩、砂砾岩夹砂质泥岩,厚1300~2000m	冲积扇相	构造活动强烈,形成库车盆地冲断构造	4—2Ma,喜马拉雅前陆盆地发育冲断构造; 17Ma,山体快速隆升,强烈剥蚀,构造活动强烈 20Ma,主中央逆断层(MCT)活动
	新近系	上新统	库车组（N₂k）	盆地边缘棕褐色砾岩,向盆地中心渐变为砾状砂岩、粉砂岩、泥岩,厚1247~1678m	盆地边缘冲积扇相、盆内大部分湖相		
		中新统	康村组（N₁₋₂k）	橙黄色钙质砂岩、泥岩夹砾岩、石灰岩,厚660m,盆地边缘缺失	河流相		
			吉迪克组（N₁j）	盆地边缘红色砂岩、泥岩夹砾岩向盆地中心渐变为泥岩夹砂岩,厚195~1234m	盆地边缘冲积扇相、盆内大部分湖相	构造活动强烈时期（40Ma—现今）	50—40Ma,印度板块与欧亚板块开始碰撞(E₃—N₁)
	古近系	渐新统	苏维依组（E₂₋₃s）	盆地边缘褐红色砾岩,盆地内棕红色泥岩,砂岩夹砾岩,厚125~518m	盆地边缘冲积扇相、盆内大部分湖相		
		始新统—古新统	库姆格列木群（E₁₋₂km）	盆地边缘为红褐色砾岩、砂岩,盆地内棕红色、灰绿色、咖啡色泥岩、砂岩夹石灰岩,底部为砾岩,厚177~592m	盆地边缘冲积扇相、盆内大部分湖相,底部为河流相		

地层				岩性描述	岩相特征	天山构造活动	青藏高原地体增生事件
界	系	统	组				
中生界	白垩系	下统	巴什基奇克组（K_1bs）	上部粉红、咖啡色泥岩、砂质泥岩，下部浅棕、浅紫、紫红色砾岩，厚65m	湖相	构造活动强烈时期（130—80Ma）	
			巴西改组（K_1b）	粉红色、棕红色及褐红色泥岩及砂岩组成，下部为泥岩夹砂岩，上部为砂岩夹泥岩，厚217m	氧化宽浅湖		
			舒善河组（K_1s）	棕红色、褐棕色泥岩、粉砂岩夹细砂岩，厚度大，最厚1048m，平均厚440m	氧化宽浅湖		
			亚格列木组（K_1y）	灰紫色、棕褐色砾岩、砂砾岩及砂岩，局部夹泥岩，厚79～133m	河流相		
	侏罗系	上统	喀拉扎组（J_3k）	灰棕、红棕、紫红色砾岩及砂岩为主，局部夹泥岩，岩石中泥质含量高，该组分布局限，厚度变化大，厚74～30m	河流相	构造活动强烈时期（165—160Ma）	冈底斯地体与羌塘地体碰撞（J_2—J_3）
			齐古组（J_3q）	棕红色、紫红色泥岩夹粉砂岩，厚208～260m	浅湖相		
		中统	恰克马克组（J_2q）	杂色泥岩、页岩、粉砂岩夹砂岩，厚82～125m	深湖相		
			克孜勒努尔组（J_2k）	灰绿、深灰色砂岩与泥岩，页岩及碳质页岩互层，厚805～840m	扇三角洲相河流沼泽相		
		下统	阳霞组（J_1y）	灰绿、深灰色及灰黄色细砾岩、砂砾岩为主，夹泥岩、页岩，厚332m	河流相		
			阿合组（J_1a）	浅灰—灰色细砾岩，含砾砂岩及砂岩，厚450m	河流相		
	三叠系	上统	塔里奇克组（T_3t）	灰黄、灰黑色、深灰色泥岩、粉砂岩、页岩，厚205～486m	三角洲相		羌塘地体与巴颜喀拉地体碰撞（T_3）
			黄山街组（T_3h）	灰黄、灰绿色、深灰色砂岩、粉砂岩、泥岩，厚170～467m	深湖相		
		中统	克拉玛依组（$T_{2-3}k$）	灰黄色、灰色砾岩、砂岩夹绿色粉砂岩及泥岩，顶部深灰色、灰色泥岩，厚283～772m	湖相	构造活动强烈时期（225—200Ma）	巴颜喀拉地体与南昆仑地体碰撞拼合（T_2）
		下统	俄霍布拉克组（T_1eh）	紫红色、灰棕、灰褐色、灰黄色及黄绿色砂砾岩及砂岩，厚345～519m	冲积扇相		

库车前陆盆地下三叠统俄霍布拉克组由两个冲积扇旋回组成,在横向上若干个相邻的冲积扇构成冲积扇群。两个冲积扇总厚度达556m,单个扇体厚度约225m,扇体下部为砾岩(砾石成分主要为石英、硅质岩,约占砾石总量的85%)和砂岩。砾石分选差,呈次圆—次棱角状。

中三叠统克拉玛依组属扇三角洲沉积,岩性为砂岩、砾岩夹粉砂岩及泥岩。中三叠世盆地范围扩大,向东越过库车河以东,在包孜东发育具不完整鲍马序列的浊流沉积。下三叠统黄山街组为深湖相泥页岩;塔里奇克组发育河流相沉积,往南局部见三角洲沉积。该时期沉积范围较大。

早侏罗世库车盆地大部及塔北隆起上均发育一套河流相或河漫沼泽相细砾岩、砂砾岩、砂岩等。古水流方向垂直于造山带,由北向南流动。侏罗系底界地震反射资料反映与下伏地层呈明显的截切关系。早侏罗世盆地构造背景相对较稳定,并出现广泛的成煤沼泽环境。中晚侏罗世是天山构造带重新活动的时期,此时沉积速率明显增大。包孜东的克孜勒努尔组为水下冲积扇,而库车河地区为网状河流相沉积,从北向南水体逐渐加深为河流—滨浅湖—半深湖沉积。包孜东地区中侏罗统自下而上分别为扇端—扇中—扇根沉积,反映造山带隆升加快的过程(杨庚,1994)。

白垩纪构造活动相对稳定,属氧化条件下的滨浅湖沉积,卡普沙良河的下白垩统舒善河组厚1048m,由棕红色泥岩、粉砂岩夹细砂岩组成,巴西改组下部为泥岩夹砂岩;上部为砂岩夹泥岩。到晚白垩世巴什基奇克期,库车盆地已明显收缩,水体向北移动,湖盆面积缩小,盆地大部为冲积—河流平原及滨浅湖所占据。

古近纪早期库车盆地水体面积进一步缩小,主要发育一套河流冲积相砾岩、砂岩,塔北隆起底部古近系为白色细砂岩。总的来看,库车盆地古近系和新近系发育较好,平面上可划分出南、北、中三个沉积类型:北部为盆地边缘,主要由滨湖相、河流冲积扇的粗碎屑沉积,以砾岩、粗砂岩及少量粉砂岩为主;中部沉积类型分布于库姆格列木—依奇克里克一带,为一套湖相膏岩、砂泥岩等细碎屑岩沉积;冲积扇和河流相仅分布于盆地边缘。古近纪沉积厚度明显呈北厚南薄的楔形体。

三、库车前陆冲断带油气地质条件

1. 烃源岩的特征

1)烃源岩分布

库车前陆冲断带烃源岩集中在三叠系、侏罗系。三叠系分为下三叠统俄霍布拉克组(T_1eh)、中—上三叠统克拉玛依组($T_{2-3}k$)、上三叠统黄山街组(T_3h)和塔里奇克组(T_3t)四个组。侏罗系分为下侏罗统阿合组(J_1a)和阳霞组(J_1y)、中侏罗统克孜勒努尔组(J_2k)和恰克马克组(J_2q)以及上侏罗统齐古组(J_3q)和喀拉扎组(J_3k)6个组(图1-3)。

三叠—侏罗系地表露头分布在北部沿天山一带,地层总体是中段最厚,东西两端相对较薄(表1-2)。库车河剖面地层厚度最大,总厚达3981m(叶留生等,1997);其次为卡普沙良河剖面,地层总厚也达2968m;阿瓦特河剖面和依南2井总厚度也在2000m以上;其他剖面地层厚度均小于2000m。就侏罗系而言,其总厚度与各组厚度具有相同的分布规律。中段库车河剖面厚度最大,厚逾2000m;依南2井、卡普沙良河、阿瓦特河和吐格尔明剖面也分别在1400~1700m之间;其他剖面基本上小于500m。在各组地层中,中侏罗统恰克马克组厚度较薄,最大厚度在坳陷西段阿瓦特河剖面,其次是卡普沙良河剖面;从其厚度分布看,其沉积中心应该在阿瓦特河与卡普沙良河剖面之间。克孜勒努尔组和阳霞组厚度变化较大。阿合组厚度较薄，卡普沙良河剖面至依南2井之间最厚。

表1-2　库车前陆盆地主要剖面地层厚度　　　　　　　　　　（单位：m）

地层	层位	库尔干	塔拉克	小台兰河	阿瓦特河	卡普沙良河	库车河	依南2井	吐格尔明	阳1井
侏罗系	J_3q	210			220	349	273	239	246	
	J_2q	110		98	279	202	168	174	124	
	J_2k	76		113	433	442	726	668	387	368
	J_1y	79	118	228	461	468	531	349	570	129
	J_1a	30	20	50	97	200	359	263	111	
	合计	505	138	489	1490	1661	2057	1693	1438	497
三叠系	T_3t	45	263	274	134	105	256	98	87	
	T_3h	196	355	83	261	556	838	278	78	
	T_2k	226	335	287	412	135	534	146		
	T_1eh		110		117	211	296			
	合计	467	1063	644	924	1307	1924	522	165	
总计		972	1201	1133	2414	2968	3981	2215	1603	497

在三叠系和侏罗系两套地层中，自下而上有5个地层组暗色地层比较发育，为主要烃源岩发育层（表1-3），即上三叠统黄山街组（T_3h）和塔里奇克组（T_3t）、下侏罗统阳霞组（J_1y）、中侏罗统克孜勒努尔组（J_2k）和恰克马克组（J_2q）下部。其中，黄山街组和恰克马克组以湖相泥岩为主，其余3套都是含煤沉积地层。与三叠系相比，侏罗系的沼泽相更发育，三叠系则湖相更发育。

表1-3　库车前陆盆地主要剖面暗色泥岩厚度　　　　　　　　（单位：m）

层位	库尔干	塔拉克	小台兰河	阿瓦特河	卡普沙良河	库车河	依南2井	吐格尔明	阳1井
J_2q			37	155	78	22	5		
J_2k			83	32	200	305	320	57	
J_1y	42	37	128	230	189	210	238	145	81
合计	42	37	248	417	467	537	563	202	81
T_3t	6	160	210	68	55	72	44	13	
T_3h	84	262	38	180	405	420	217	55	
T_2k				23	29	81	41		
T_1eh						9			
合计	90	422	248	271	489	582	302	68	0
总计	132	459	496	688	956	1119	865	270	81

三叠系克拉玛依组岩性主要为灰绿色砂砾岩与泥岩的不等厚互层。其顶部标志层段主要为含叠锥构造的泥岩，一般厚30～60m，为一区域性对比标志层。黄山街组由两个正旋回沉积组成，每个旋回底部为块状砂砾岩，中上部为灰绿色、灰黑色泥岩及碳质泥岩夹石灰岩组成。塔里奇克组由三个正旋回沉积组成，每一旋回下部为灰白色砾岩、中—粗粒长石石英砂岩，上部为黑灰色泥岩及黑色碳质泥岩、页岩夹薄煤层。

侏罗系阳霞组为一套含煤沉积层系,岩性主要由灰、灰黑色粉砂质泥岩、页岩及煤线、煤层与灰、灰白色砂岩、砾岩组成多个正韵律层。其顶部标志层段为20~110m厚的黑色泥岩,为典型的区域性对比标志层,中部厚层状浅灰色中、粗砂岩及含砾砂岩将该组煤系地层分为上、下两个含煤层段。克孜勒努尔组岩性主要由灰白、灰绿色细砂岩、含砾砂岩与绿灰、灰黑色粉砂岩、泥页岩及煤层和煤线组成多个正韵律层,且自上而下暗色泥岩、页岩及煤线和煤层增多。

恰克马克组岩性主要为鲜绿、灰绿及紫红色泥岩、砂质泥岩、粉砂岩夹砂岩,局部地区有大套灰黑色灰质页岩夹深灰色—灰黑色油页岩及泥灰岩。这套油源层在拜城凹陷西北部明显变厚,在温宿县博孜墩乡的阿瓦特河露头区,其烃源岩层厚达155m。在克拉苏河一带,该组的烃源岩层明显变薄,拜城的赛里木乡克拉苏河露头区,该组烃源岩层厚度只有4m。向东到库车河一带,该组的烃源岩层又有增厚的趋势,可达22m。

2)烃源岩有机质丰度

库车前陆盆地烃源岩属于煤系烃源岩。煤系地层是以沼泽相和河流相沉积为主体的含煤沉积建造,其有机质高度富集,而且以陆生高等植物为有机质的主要来源,有机质的性质必然与一般湖相泥岩有所差别。

从表1-4中可以看出,在5个主要烃源岩层段的泥质烃源岩中,侏罗系泥岩的有机质丰度明显高于三叠系泥岩。其中,阳霞组和克孜勒努尔组煤系泥岩的有机碳平均含量大于2%,热解生烃潜量在2.5~3.5mg/g之间,氯仿沥青"A"含量在0.4‰~1.6‰之间。按照煤系泥岩有机质丰度评价标准,其总体上相当于中等级别烃源岩。恰克马克组泥岩属于湖相沉积,尽管平均有机碳含量仅1.54%,但平均热解生烃潜量为3.10mg/g,氢指数平均为109mg/g;平均氯仿沥青"A"和总烃含量分别为1.151‰和0.420‰,是5套烃源岩中最高的。按照一般湖相烃源岩评价标准,恰克马克组属于中等—好级别烃源岩。三叠系两套烃源岩中,塔里奇克组属于含煤地层,有机碳平均含量也比较高,平均含量达到2.35%,平均热解生烃潜量为1.57mg/g,但氢指数仅为47mg/g。黄山街组属于湖相沉积,平均有机碳含量为1.03%,热解生烃潜量为0.58mg/g,氢指数仅29mg/g。塔里奇克组和黄山街组烃源岩氯仿沥青"A"和总烃平均含量仅0.15‰。如果按照目前的热解生烃潜量和氯仿沥青"A"等含量看,三叠系黄山街组和塔里奇克组泥岩均属于差—中等级别生油岩。但是,塔里奇克组和黄山街组的平均 T_{max} 分别达到了484℃和510℃,表明其热演化程度已经达到高成熟或者过成熟阶段,有机质中残余的、可热解的烃类已经很少。此外,这些样品基本上为剖面露头样品,受到了风化的影响。因此,目前这些烃源岩样品有机质生烃潜力低应该是成熟生烃损耗和风化作用双重影响的结果。另一方面,从表1-4中可以看到这两套地层的有机碳含量并不低,以目前的平均含量并分别按照煤系和湖相烃源岩的评价标准,塔里奇克组属于中等级别烃源岩,而黄山街组则达到了好生油岩级别。

表1-4　库车前陆盆地五套主要烃源层泥岩有机质丰度汇总表

烃源岩层组	烃源岩厚度 (m)	TOC (%)	S_1+S_2 (mg/g)	I_H (mg/g)	T_{max} (℃)	氯仿沥青 "A"(‰)	HC (‰)
恰克马克组(J₂q)	0~155	1.54(44)	3.1	109	449	1.151(10)	0.42
克孜勒努尔组(J₂k)	32~320	2.15(195)	2.67	82	447	0.401(22)	0.172
阳霞组(J₁y)	37~238	2.58(171)	3.2	90	462	1.550(23)	0.221
塔里奇克组(T₃t)	6~210	2.35(67)	1.57	47	484	0.148(4)	0.063
黄山街组(T₃h)	38~444	1.03(246)	0.58	29	510	0.149(21)	0.045

本表以有机碳含量大于0.4%的样品统计,各参数为平均值;括号中为样品数,有机碳、热解样品数相同,氯仿沥青"A"和总烃样品数相同。

库车前陆盆地侏罗系和三叠系各组碳质泥岩的有机碳平均值一般在20%以下,但热解生烃潜量有所差异(表1-5)。其中,恰克马克组和塔里奇克组碳质泥岩热解生烃潜量和氢指数都比较低,而克孜勒努尔组和阳霞组烃源岩的平均热解生烃潜量相对较高,分别达到了27.18mg/g和34.52mg/g,其热解氢指数也分别达到152mg/g和180mg/g。三叠系黄山街组碳质泥岩只有库车河剖面1个样品,该样品与其他煤系地层的碳质泥岩明显不同,虽然有机碳含量只有11.38%,但热解生烃潜量却有35.20mg/g,氢指数达295mg/g。按照碳质泥岩评价标准,恰克马克组和塔里奇克组碳质泥岩肯定属于差或者很差的烃源岩,而克孜勒努尔组和阳霞组虽仍然属于差生油岩,但已接近中等级别生油岩,黄山街组碳质泥岩则属于中等级别生油岩。此外,这些烃源岩的有机质丰度也受到成熟度和地表风化的影响,推测在未成熟和低成熟阶段它们的有机质丰度和生烃潜力应该比实验样品高一些。

表1-5 库车前陆盆地三叠系—侏罗系碳质泥岩和煤有机质丰度汇总表

岩类	层位	TOC(%)	S_1+S_2(mg/g)	I_H(mg/g)	氯仿沥青"A"(‰)	HC(‰)
碳质泥岩	J_2q	14.62(4)	3.07	21		
	J_2k	15.69(97)	27.18	152	1.266(3)	0.249(3)
	J_1y	16.86(94)	34.52	180	1.962(4)	0.740(3)
	T_3t	12.57(10)	11.46	79	1.868(1)	0.671(1)
	T_3h	11.38(1)	35.2	295	1.348(1)	1.098(1)
煤	J_2k	58.98(90)	84.32	136	10.263(4)	3.155(4)
	J_1y	57.86(45)	78.08	132	13.667(6)	5.646(6)
	T_3t	68.13(17)	51.95	71	6.469(3)	1.249(2)
	T_3h	41.88(1)	22.63	54	1.465(1)	0.782(1)

括号中为样品数,有机碳、热解潜量和氢指数样品数相同。

总体来说,库车前陆盆地的碳质泥岩和煤基本没有生成液态石油的能力,不属于倾油性烃源岩,但在高成熟和过成熟阶段可以生成大量天然气,可以成为良好的气源岩,属于倾气性的烃源岩。

3)烃源岩有机质类型

干酪根元素是最常用于划分烃源岩有机质类型的方法,它具有相对较好的可比性。由图1-4可见,侏罗系烃源岩H/C原子比和O/C原子比的分布范围均较大,H/C原子比在0.4~1.35之间,O/C原子比在0.02~0.35之间。其中,恰克马克组烃源岩H/C原子比最高,有60%的样品H/C原子比大于1.0,属于Ⅱ型有机质;克孜勒努尔组和阳霞组烃源岩干酪根H/C原子比几乎没有差异,一般均在0.8以下,其中许多样品点已经处在演化终点区域,已经很难判断其原始有机质类型。另外,克孜勒努尔组有些样品O/C原子比很高,可能是因为地表氧化或者成熟度低、含氧量比较高所致。总的看来,恰克马克组泥岩有机质类型较好,克孜勒努尔组和阳霞组泥岩中可能部分样品有机质较好,部分样品有机质类型较差,即使是阳霞组标志层段泥岩也如此。

侏罗系中的碳质泥岩和煤的H/C原子比也很低,一般都在0.8以下,无论是剖面样品还是井下样品均差不多,如依南2井4250m和3410m处煤的H/C原子比分别仅为0.56和0.68,属于Ⅲ₂型干酪根。

三叠系烃源岩的 H/C 原子比也均较低(图 1-4),一般在 $0.4\sim0.8$ 之间。黄山街组有许多样品 H/C 原子比在 0.7 左右,但 O/C 原子比也相对较高,这些样品均为库车河剖面样品,H/C 原子比相对高是由于成熟度相对较低的缘故。另有相当部分来自于卡普沙河剖面和阿瓦特河剖面黄山街组的样品,其有机质成熟度高,H/C 原子比在 0.4 左右,O/C 原子比也很低,已处于范氏图演化的终点,无法判断这些样品原始的有机质类型。三叠系塔里奇克组泥岩、碳质泥岩和煤样品的 H/C 原子比仅为 0.5 左右,即使是成熟度相对较低($R_o<1.0\%$)的库车河剖面样品也如此,说明其有机质类型为 III_2 型。

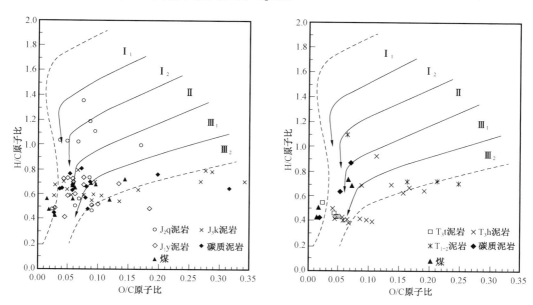

图 1-4 库车前陆盆地侏罗系和三叠系烃源岩元素组成分布图

4)烃源岩的有机成熟度

库车前陆盆地目前仅有少数探井钻揭侏罗—三叠系烃源岩,且这些探井主要分布在库车前陆盆地的东部。表 1-6 为库车前陆盆地探井侏罗—三叠系烃源岩镜质组反射率分析数据。表 1-6 中 6 口探井,除阳 1 井位于阳霞凹陷南坡外,其余 5 口均集中在库车前陆盆地东部的北侧山前逆冲带上,井孔剖面上往往有多条逆冲断层通过,造成地层重复加厚,以致实测 R_o 值随井深忽高忽低或者变化很大。另一方面,新近纪以来的断层逆冲造成多数井剥蚀缺失新近系、古近系,甚至白垩系和侏罗系上部地层,剥蚀厚度可达 $2000\sim3400\text{m}$,使侏罗系目前的埋藏深度远小于抬升剥蚀前的历史上的最大埋深。而样品的现今成熟度则是在抬升前深埋条件下达到的。由于各井抬升幅度和剥蚀厚度不同,其结果是,同一层位具有相同的镜质组反射率值的地层在不同探井中的深度相差悬殊。例如:侏罗系克孜勒努尔组(J_2k)烃源岩 R_o 值达到 $1.0\%\sim1.1\%$ 的深度在阳 1 井深达 6400m,在依南 2 井是 $4100\sim4300\text{m}$,而在依西 1 井则只有 $2750\sim3000\text{m}$,与阳 1 井相差 $3400\sim3650\text{m}$,与依南 2 井相差 $1350\sim1550\text{m}$。同样,侏罗系阳霞组(J_1y)烃源岩 R_o 值达到 $1.0\%\sim1.2\%$ 的深度在依南 2 井是 $4400\sim4600\text{m}$,而在依西 1 井只有 $3000\sim3580\text{m}$,相差 $1000\sim1400\text{m}$。这种情况是分析逆冲带探井烃源岩的热演化程度时必须考虑的。

表 1-6　库车前陆盆地部分探井三叠—侏罗系烃源岩镜质组反射率测定结果

井号	层位	深度（m）	实测 R_o（范围/平均值）（%）
阳 1 井	J_1	6420～6500	0.95～1.05/1.00
依南 2 井	J_2k	4124～4321	1.03～1.09/1.07
	J_1y	4404～4534	1.08～1.15/1.11
	J_1a	4787～4839	1.21～1.35/1.27
	T_3t	5048	1.32
	T_3h	5244～5310	1.40～1.43/1.42
依深 4 井	J_2k	1445～2440	0.60～0.80/0.72
	J_1y	2440～2940	0.69～0.80/0.75
依南 4 井	J_2k	3172～3430	0.62～0.87/0.78
	J_1y	3430～3900	0.80～0.86
		3900～4318	0.90～1.03/0.96（下盘）
依西 1 井	J_2k	2240～2750	0.70～0.80
		2750～3020	0.78～1.09/0.91（下盘）
		3800	1.25
	J_1y	3020～3580	1.00～1.20
		3870～3962	1.30（下盘）
克孜 1 井	J_2k	3660～3940	1.35～1.70/1.56（下盘）
	J_1y（上）	3158～3230	1.19～1.24/1.21
	J_1y（下）	3980～4285	1.59～1.88/1.74（下盘）

尽管有这些因素的影响，但 6 口井的实测镜质组反射率 R_o 值仍然表明，库车前陆盆地东部井下中侏罗统克孜勒努尔组烃源岩的 R_o 值变化在 0.60%～1.25% 之间，下侏罗统阳霞组烃源岩的 R_o 值变化在 0.69%～1.30% 之间，均处于生油窗范围内。克孜 1 井更靠近凹陷深部，侏罗系烃源岩的成熟度也较高，R_o 变化在 1.35%～1.88% 之间，已进入高成熟的凝析油-湿气阶段，这些地层现今的深度为 3660～4300m，若恢复到剥蚀前的最大埋深，在 7000～7700m 之间。三叠系烃源岩仅在依南 2 井钻遇，实测镜质组反射率 R_o 值在 1.32%～1.43% 之间，现今样品埋藏深度为 5000～5300m，若恢复到剥蚀前的最大埋深为 7000～7300m。对同一口井比较，尽管有逆断层的复杂化和抬升剥蚀的影响，但总的来说实测镜质组反射率 R_o 值是上三叠统大于阳霞组，阳霞组大于克孜勒努尔组，层位越老成熟度越高（表 1-6）。相同层位断层下盘烃源岩的成熟度高于断层上盘烃源岩的成熟度。

5）烃源岩的生烃史

库车前陆盆地生烃史分析遇到的两个关键性问题：一是前陆冲断引起的地层重复和缺失；二是盐层流动引起的地层加厚。

（1）阳 1 井生烃史分析。阳 1 井位于库车前陆盆地南部前缘隆起北坡，靠近阳霞凹陷而远离前陆冲断带，地层层序正常。中下侏罗统烃源岩在最近 5Ma 才进入生油窗（R_o>0.5%）；也就是说，阳 1 井侏罗系烃源岩成熟生烃发生在上新统库车组（库车组底界深度为 3912m）快速沉积期。目前阳 1 井侏罗系下部（6404～6533m）烃源岩实测镜质组反射率为 0.95%～1.05%，最近 5Ma 以来的快速埋藏作用，使阳 1 井侏罗系烃源岩镜质组反射率从 0.5% 增高到

1.0%左右。

（2）依南2井中生界烃源岩埋藏史、生烃史和有机成熟度的演化。依南2井在上新世晚期经历了大幅度抬升剥蚀，近5Ma以来中生界烃源岩成熟度基本上不再增高。中上三叠统烃源岩在古近纪进入临界成熟状态，镜质组反射率为0.50%～0.60%；在新近纪，中—上三叠统烃源岩进入生油高峰。主要在20—5Ma以来，中—上三叠统烃源岩镜质组反射率从0.50%～0.60%增高到1.20%～1.40%，现今实测值为1.43%。

依南2井下—中侏罗统烃源岩底部在中新世晚期（约10Ma）才进入明显生油阶段（R_o > 0.70%）；在上新世晚期（约5Ma）已达到现今成熟度（R_o = 0.7%～1.2%），此后下—中侏罗统烃源岩的成熟度再没有进一步增高。

（3）拜城凹陷中心。拜城凹陷中心三叠—侏罗系烃源岩目前埋深达8000～10000m。中—上三叠统烃源岩在晚白垩世、古近纪进入成熟早期阶段，镜质组反射率在0.7%～0.8%；在新近纪吉迪克组沉积期（23—12Ma），中—上三叠统烃源岩先后进入生油高峰，R_o大于1.0%；至康村组沉积期末（约5Ma），已进入液态石油窗底界（R_o > 1.30%）；上新世至第四纪（5Ma以来），随着巨厚的库车组和西域组快速沉积埋藏，中—上三叠统烃源岩进入生气阶段，镜质组反射率迅速增高至目前的R_o值为3.0%～3.5%。

下—中侏罗统烃源岩的成熟度演化趋势类似于中—上三叠统烃源岩，但在相同地质时间有机成熟度要低些。在上新统库车组沉积前（约5Ma），相差0.15%～0.20%，现今相差可达0.40%～0.50%。下—中侏罗统烃源岩在古近纪仍处于低成熟阶段，镜质组反射率为0.5%～0.8%；在新近纪，侏罗系烃源岩成熟度迅速增高，在吉迪克组沉积期末（12Ma），底部进入生油高峰（R_o ≥ 1%）；至康村组沉积期末（约5Ma），其顶部进入生油高峰（R_o为0.9%～1.0%）；在上新世至第四纪（5Ma以来）快速埋藏，有机成熟度急剧增高，进入大量生气阶段，3Ma以来生成大量干气（R_o > 2%）。目前拜城凹陷中心中—下侏罗统烃源岩顶部镜质组反射率为2%～2.50%。

（4）阳霞凹陷中心。库车前陆盆地东部阳霞凹陷中心的中生界烃源岩埋藏史、生烃史和有机成熟度的演化基本上类似于西部的拜城凹陷，两者的差异主要表现在拜城凹陷中心中生界烃源岩的有机成熟度要高于阳霞凹陷中心。

阳霞凹陷中心中—上三叠统烃源岩在古近纪处在低成熟阶段，镜质组反射率为0.5%～0.7%；在新近纪$N_{1-2}k$沉积末期（约5Ma），底部开始进入生油高峰（R_o = 0.8%～1.0%），上新世至第四纪（5Ma以来）的快速埋藏作用，使中—上三叠统烃源岩镜质组反射率增高至目前的1.6%～2.1%。中—下侏罗统烃源岩直到新近纪的康村组沉积期末（约5Ma），都一直处在低熟阶段，R_o为0.5%～0.7%，上新世至第四纪（5Ma以来）的快速埋藏，使其有机成熟度快速增高。可见，不论是三叠系还是侏罗系烃源岩，阳霞凹陷中心的有机质成熟度都比拜城凹陷中心要低得多。目前，阳霞凹陷中心中—下侏罗统烃源岩的镜质组反射率为1.0%～1.6%。

库车前陆盆地在中生代缓慢沉降，新近纪以来急剧下沉，埋藏史曲线"先缓后陡"，热演化"先慢后快"。在整个中生代180Ma的漫长时期中，三叠系、侏罗系、白垩系的总厚度不过3200m（压实前最厚3700m），晚白垩世还有短暂抬升，缺失上白垩统，中生代的沉积速率只有0.02mm/a；但是，到了新近纪，随着南天山的"复活"和库车"再生"前陆盆地的剧烈下沉，在短短的23Ma期间，就堆积了厚达4700m的新近系红层和第四系，其中仅上新世（5Ma）以来的库车组和第四系沉积就厚达2500m，新近纪沉积速率高达0.2mm/a，上新世以来更高达0.55mm/a，相当于中生代沉积速率的10～25倍。

库车前陆盆地中生代缓慢沉降和晚白垩世的抬升,导致三叠系、侏罗系两套烃源岩在新近纪之前一直处于低成熟状态(R_o<0.6%~0.7%);而新近纪以来的急剧下沉,则导致两套烃源岩在短短的12Ma内迅速经历了R_o>1.0%→R_o>1.3%→R_o>2.0%→R_o>2.5%的快速深埋热演化过程。其结果,两套烃源岩的生油高峰期和生干气期都很晚。在拜城凹陷中心,上三叠统烃源岩是在中新世(23—12Ma)大量生油;中—下侏罗统烃源岩则是在5Ma以后大量生气,特别在3Ma以后大量生干气,只是在此时,库车前陆盆地中才出现大范围(R_o>2.0%)的干气区;克拉2大气田正是在此时形成的。

2. 主要储盖组合

库车前陆盆地中新生界自上而下发育第四系,新近系库车组,新近系康村组,新近系吉迪克组膏盐岩层与砂泥岩层,古近系苏维依组,古近系库姆格列木群膏盐岩与底砂岩层,白垩系砂泥岩层,侏罗系砂岩、泥、页岩及煤层以及三叠系。钻探成果及地层对比表明,盆地内中新生界主要发育三套储盖组合(图1-5)。

(1)古近系膏盐岩与古近系底砂岩—白垩系砂岩储盖组合。以古近系库姆格列木群巨厚的膏盐岩和泥岩为盖层,古近系底砾岩、下白垩统巴什基奇克组砂岩为储层的储盖组合,主要分布在库车前陆盆地中部,覆盖克拉苏冲断带、秋里塔格冲断带和前缘隆起带大部分,是库车前陆盆地分布稳定、范围最广,获得油气发现最多的储盖组合,已发现的英买力凝析气田、玉东2凝析气田、克拉2气田、大北气田、克深2气藏、克深5气藏等均属此类储盖组合。

(2)新近系吉迪克组膏泥岩段与古近系砂泥岩段储盖组合。以新近系吉迪克组膏盐岩、膏泥盐为盖层,以吉迪克组砂岩层、苏维依组砂岩层为储层,主要分布在库车前陆盆地库车河以东地区,吐孜洛克、迪那2凝析气田属于此类储盖组合。

(3)侏罗系储盖组合。以侏罗系阳霞组、克孜勒努尔组、恰克马克组泥岩为盖层,以阿合组和阳霞组内部砂岩为储层。可细分为两套:一是阳霞组储盖组合,以阳霞组上部及其上部克孜勒努尔组、恰克马克组泥岩为盖层,以阳霞组砂岩为储层;二是阿合组储盖组合,以阳霞组底部泥岩、煤层为盖层,以阿合组砂岩为储层。主要分布在依奇克里克构造带,依奇克里克油田、依南2气藏属于此类储盖组合。

另外,在前缘隆起上发育古生界碳酸盐岩及元古宇变质岩潜山储层,与其上白垩统卡普沙良群泥岩构成一套分布相对局限的储盖组合,如牙哈5—牙哈7潜山、英买7潜山、英买32潜山等;在盐上浅层发育砂泥岩的储盖组合,如大宛齐油田。

1)古近系膏盐岩与古近系底砂岩—白垩系砂岩储盖组合

由古近系膏盐岩、膏泥岩为盖层,古近系底砂岩($E_{1-2}km_5$)、白垩系巴什基奇克组(K_1bs)和白垩系巴西改组(K_1bx)砂岩为储层的储盖组合,是最重要的储盖组合,也是库车前陆盆地勘探的主要目的层系。

(1)古近系膏盐岩盖层。

古近系库姆格列木群膏盐岩、膏泥岩主要分布于库车前陆盆地克拉苏冲断带与秋里塔格冲断带,东部以库车河为界,西部延伸至乌什凹陷,南部延伸至玉东—英买力以南。由于膏盐层的易流动性、易变形性特征,在盐湖沉积的基础上,受后期构造作用,发生复杂的构造变形,形成两个巨厚的膏盐岩层聚集带,呈北东向的条带状分布,走向与构造走向基本平行(杨宪彰等,2009)。克拉苏冲断带巨厚盐层主要集中在克深区带,克拉4井钻揭膏盐岩层厚度3945m,克深5井钻揭厚度4035m(图1-6),除大北1井区局部受古构造控制不发育膏盐岩外,其他

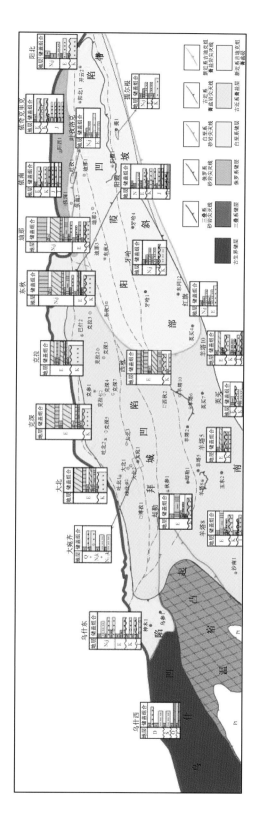

图1-5 库车前陆盆地主要储盖组合平面分布图

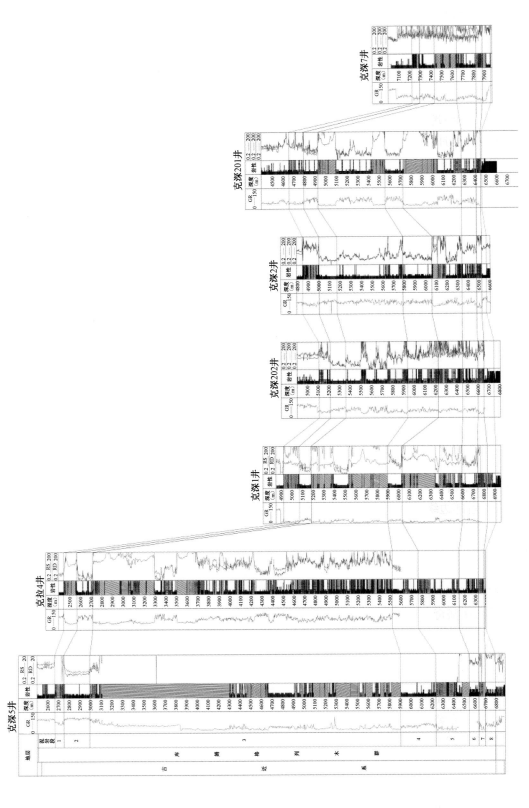

图1-6 库车前陆盆地克深区带过井膏盐岩对比图

地区膏盐岩层厚度一般在200m以上(图1-7);秋里塔格冲断带主要集中在西秋构造带中部,西秋2井钻揭膏盐岩层厚度1809m(未穿),由于西秋地区钻井少,根据地震解释资料预测,在秋里塔格双山之下聚集的膏盐岩层最厚可达4000m(图1-7)。这套区域盖层分为膏盐岩段和膏泥岩两套,岩性致密、突破压力大、封盖能力强,构成具有强封闭性的优质盖层。模拟试验揭示,膏盐岩盖层的封闭性随埋深是变化的,纵向上埋深小于2600m,膏盐岩表现为脆性,受力易破裂;埋深大于3500m表现为塑性,受力易流变,封盖能力强。库车前陆盆地克深区带、秋里塔格冲断带埋深都大于3500m,因此,古近系库姆格列木膏盐岩具备良好的封盖能力。

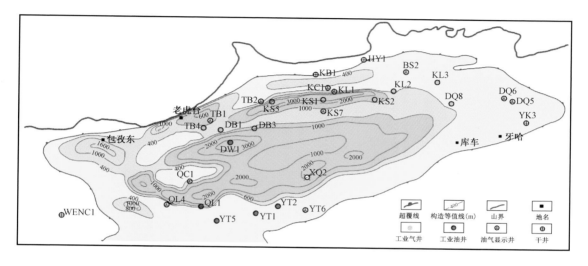

图1-7 库车前陆盆地古近系膏盐岩厚度图

(2)古近系底砂岩储层。

底部储层是由中砾—细砾岩、细砂岩组成,属于冲积扇前缘亚相沉积,古近系底砂岩主要分布在北部、南部边缘和中东部地区(刘景彦等,2003;高志勇等,2008)。北部克拉苏冲断带,底砾岩段由浅灰色-褐色中厚层状砂砾岩、含砾细砂岩、粉砂岩组成,厚度变化在10~30m之间,克拉2气田厚度在11.5~19.5m,大北1地区厚度在20~30m;大南部相对较厚,却勒井区厚30~40m,迪那井区厚50m左右(图1-8)。

(3)白垩系砂岩储层。

白垩系巴什基奇克组储层是库车西部地区的主要储集层系(沈扬等,2009)。储层砂体主要为辫状河道、水下分流河道沉积(夏文军等,2004;张荣虎等,2008),纵向上不同类型砂体相互叠置,储层连通性好,沉积厚度大,在克拉2、东秋5、东秋8井区大于350m,在西部却勒1井、却勒4井一带储层厚度小于100m。平面上,储层连片分布(图1-9和图1-10),仅在盆地东北端及西端小面积缺失,储层物性好,受沉积微相、埋藏热演化史及溶蚀作用控制明显,巴什基奇克组Ⅰ—Ⅱ类储层分布于克拉1井—克拉2井—克拉3—东秋8井区,该区域储层厚度一般大于200~300m,孔隙度一般为15%~20%。Ⅲ—Ⅱ类储层分布于吐北1井区,储层孔隙度大于10%,储层厚度大于100m。Ⅲ类储层分布于中部地区,南至大宛1井、大北地区、北至吐北2井,东至康村2、东秋6井区,孔隙度10%左右,厚度100~300m。Ⅳ类和Ⅴ类储层分布局限于北部山前带和南部盆地区,储层厚度较薄,物性差。

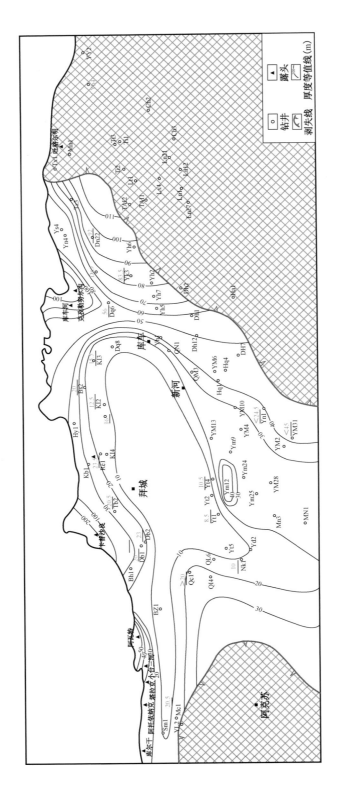

图1-8 库车前陆盆地库姆格列木群底砂岩地层厚度等值线图

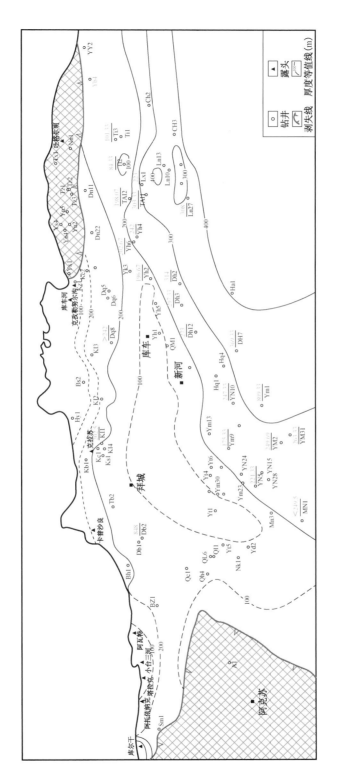

图1—9 库车前陆盆地白垩系巴什基奇克组第1—第2段地层厚度等值线图

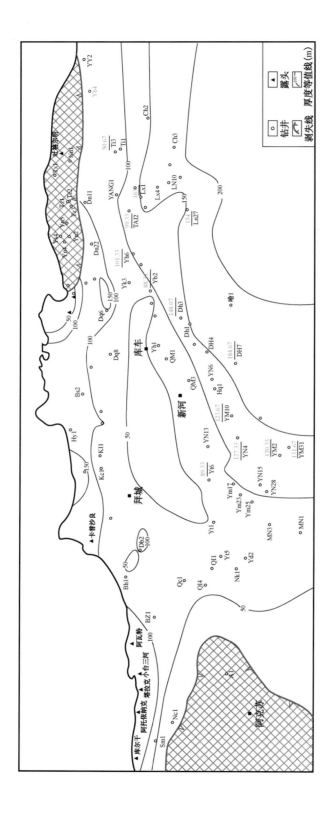

图1-10 库车前陆盆地白垩系巴什基奇克组第三段地层厚度等值线图

2）新近系吉迪克组膏泥岩段与古近系砂泥岩段储盖组合

由新近系吉迪克组膏岩、膏泥岩为盖层，古近系苏维依组砂岩为储层的储盖组合是库车前陆盆地东部油气勘探的重要目标，迪那2气田即是典型的例子（马玉杰等，2003）。

（1）新近系膏泥岩盖层。

新近系吉迪克组膏泥岩分布在库车河以东地区，岩性为膏泥岩、膏岩、泥岩互层，为蒸发盐湖沉积。新近系膏岩盖层在空间上连成一体，覆盖库车前陆盆地东部地区。据依南2、依南5、吐孜1井及吐格尔明地表剖面实测，其厚度在800～1200m之间，在秋里塔格构造带，东秋5井、东秋6井揭示新近系膏盐岩、膏泥岩总厚度约2000m，迪那2气田新近系吉迪克组膏盐岩、膏泥岩盖层，膏盐岩厚800～1000m，膏泥岩厚100m左右，是稳定分布的优质区域盖层。

（2）古近系砂泥岩段储层。

古近系储层包括苏维依组与库姆格列木群砂岩，主要分布在依南—迪那地区，依南地区由于强烈的构造活动造成北部抬升出露地表；南部迪那地区在该套储层发现了迪那1、迪那2、迪那3气田。

古近系苏维依组储层主要为一套扇三角洲前缘水下分流河道、河口坝、席状砂体及扇三角洲平原辫状河道沉积（刘景彦等，2003；高志勇等，2008），储层总厚度148～220m，依据沉积相、岩石类型组合、物性、电性特征可以各分为三段（图1-11），第一段厚度68～95m，以粉砂岩、细砂岩为主，夹泥岩薄层，底部夹砾岩薄层，砂岩横向分布稳定、单层厚度大、连通性好、物性较好，有效储层集中；第二段砂层组厚60.5～95m，主要为扇三角洲平原亚相辫状河道微相，上部厚度稳定，岩性以粉砂岩、细砂岩、含砾细砂岩、砾岩为主，夹泥岩，砂岩单层厚度较小，粒度细，物性相对差；第三段是与古近系对比的标志层，厚度稳定，20～30m，岩性单一，以扇三角洲前缘席状砂、水下分流河道微相的粗粉砂岩、细砂岩为主，夹少量薄层泥岩，横向连续性、物性好；第一、第三段是迪那2气田的主力气层（颜文豪等，2009）。

库姆格列木群主要扇三角洲平原亚相、扇三角洲前缘亚相、辫状河道砂体沉积，横向分布稳定，储层总厚度90～130m，可分为三段（图1-11），第一、第三段为扇三角洲平原亚相沉积，主要为细砂岩、粉砂岩夹泥岩组成，厚度分布不稳定，整体无形较差、连通性差、有效储层薄而分散；第二段以扇三角洲前缘亚相沉积的粉砂岩、细砂岩为主，厚度分布稳定，为42～54m，迪那地区表现为东薄西厚的特征，物性相对第一、第三段较好，是迪那2气田的主要气层之一。

3）侏罗系储盖组合

（1）侏罗系盖层。

上侏罗统齐古组及中侏罗统恰克马克组泥页岩、克孜勒努尔组上部暗色泥岩、下部煤层，下侏罗统阳霞组上部暗色泥岩、碳质泥岩共同组成侏罗系盖层。分布在库车东部依南—迪那地区，是依奇克里克气田的有效盖层，克孜勒努尔组主要为三角洲前缘相、湖泊相沉积分为上泥岩段、中部砂泥岩段、下部泥岩及煤层段，厚度大，依南2井厚度665m、依南5井厚度737m、明南1井厚度288m，呈西厚东薄的趋势展布；恰克马克组为半深湖相-浅湖相沉积灰色泥岩，依南2井厚度173m、依南5井厚度196.5m、明南1井缺失，整体具有西厚东薄的趋势分布。

（2）侏罗系储层。

侏罗系储层主要位于阳霞组、阿合组，为辫状三角洲相的辫状河道和水下河道沉积，砂体厚度大，区域上分布稳定（陈子炓等，2001；张惠良等，2002）。依南2井阿合组、阳霞组厚度为619m，东部明南1井厚度为691m，南部阳1侏罗系缺失，整体呈北厚南薄，东厚西薄的分布特征（杨帆等，2002）。

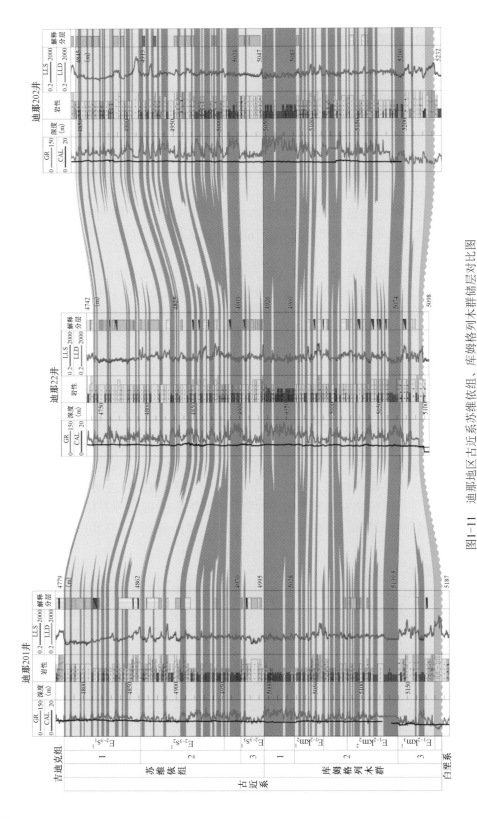

图1-11　迪那地区古近系苏维依组、库姆格列木群储层对比图

阳霞组储层为辫状河分流河道砂体、曲流河河道砂体沉积,以岩屑砂岩为主,砂体类型较多(张惠良等,2002)。依南地区可分为4套砂体:第一套以单辫状分流河道砂体为主,依南地区厚度为15~102m;第二套由两个河道砂体组成,分布稳定,是阳霞组最重要的砂体;第三套是河口坝和单辫状河分流河道砂体组成,依南地区厚度为8~33m;第四套主要为砂质单河道砂体。阳霞组是依南地区重要的储层。

阿合组储层以辫状河道复合砂体和水下辫状河道砂体沉积(陈子炓等,2001),以含砾中粒岩屑砂岩为主,岩性相对单一。依南地区可分为3套砂体(图1-12):第一套为辫状三角洲平原亚相的辫状河分流河道砂体叠置而成,厚度薄;第二套由三角洲前缘河口坝砂体及三角洲平原主辫状河分流河道砂体组成,厚度为0.5~5m,东薄西厚的趋势分布;第三套为辫状河分流河道和河口坝砂体组成,厚度较大。阿合组是依南地区主力储层。

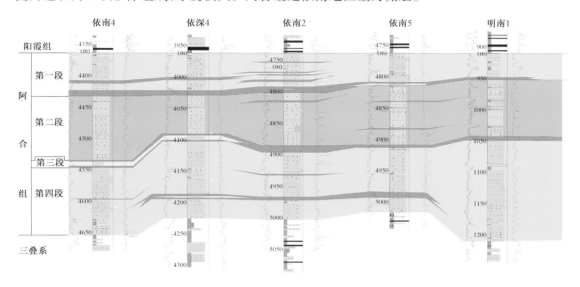

图1-12 依南地区侏罗系阿合组储层对比图

第二节 砾岩层与油气勘探

库车前陆冲断带油气主要赋存在白垩系巴什基奇克组砂岩中,上覆地层除古近系巨厚膏盐岩层作为盖层外,新近系与第四系为一套巨厚磨拉石沉积建造,砾石层广泛分布,厚度从数百米到几千米不等,分布极不均衡,岩性岩相纵横向变化剧烈,给深层油气勘探带来巨大困扰。砾石层引起平面速度异常与陷阱,地震速度变化大,难以准确把握,盐下构造圈闭形态落实不准,钻探成功率低;砾石层分布不清楚,目的层地质预测深度与实际误差大,导致设计浅、实钻深,井身结构无余地,导致多口探井无法正常揭开目的层;同时砾石层往往可钻性差,机械钻速低,钻井周期长,成本高昂。因此,有效识别预测浅层砾岩体是提高圈闭落实精度与钻井成功率以及钻井提速、控投降本的关键环节。

一、深层圈闭落实

由于砾岩区速度横向变化大,直接影响了圈闭落实、层位预测精度,导致钻井失利。其中浅层巨厚砾岩对深层圈闭落实精度首要影响就是钻井地层层位计算误差大。砾岩发育区往往表现为异常高速,出现"速度陷阱",地震原始速度谱与地层实际速度差异大,且横向上变化剧烈,邻井地层速度可参考程度低,导致探井地层设计深度与实钻有较大差异。如大北地区新近系库车组厚2500~3500m,埋深差异不大,随着砾石含量增加地层速度陡然增高(图1-13)。南部砾岩不发育,以砂泥岩互层为特征,地层层速度较低,约为3500m/s,中部地层为砂泥岩夹薄层砾岩,地层层速度有所变大,约4100m/s;北部以厚层砾岩为主,且胶结致密,地层速度明显升高,最高达到5500m/s,给钻井地质层位设计带来巨大困扰(图1-13)。

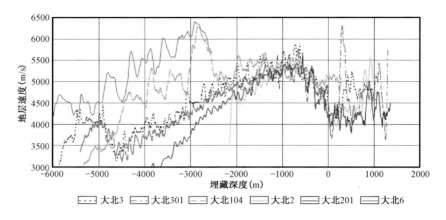

图1-13　大北地区岩上地层声波速度曲线对比图

　　浅层巨厚砾岩发育区在常规地震资料上没有明显的响应特征,因而经常出现圈闭落实不准的问题。其主要原因是砾岩层速度高,纵向、横向变化大,纵向上速度的变化导致地震资料出现"上拉"假象,如大北6圈闭,横向上速度变化引起构造高点的横向"漂移",如克深7圈闭,巨厚砾岩的存在直接影响了圈闭形态、圈闭高点的落实。

　　大北6圈闭上部发育库车组巨厚砾岩层,纵向上厚度大,大北6井钻厚4050m,横向上快速发生相变,分布范围有限。大北6圈闭浅层砾岩在常规地震剖面上地震反射特征、地震速度均没有明显的响应特征,均方根振幅剖面为连续的强振幅,可有效的识别(图1-14)。高速砾

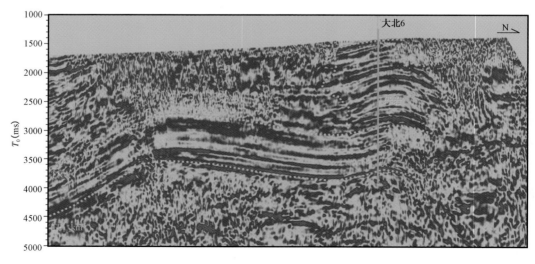

图1-14　大北6圈闭南北向地震均方根振幅属性剖面

岩发育区在地震速度谱上未正常速度,因而时间域地震剖面产生了自下而上的"上拉"效应,大北6圈闭及上部地层均出现了背斜形态(图1-15a)。通过钻井—地震—非地震一体化融合的方法刻画出砾岩及高速区的分布后,重新认识大北6圈闭由之前的背斜变成了鼻状斜坡(图1-15b),钻井也证实了大北6背斜圈闭不存在。

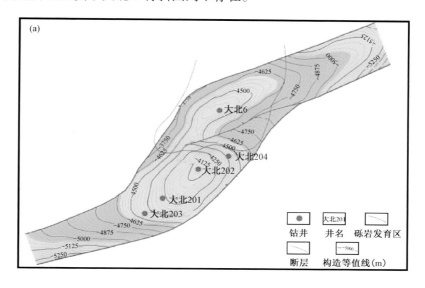

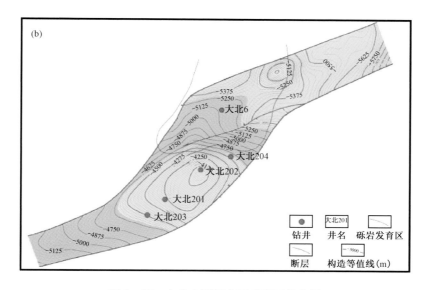

图1-15　大北6圈闭白垩系顶面构造图

　　克深7圈闭西部库车组浅层砾岩呈南北长、东西窄条带状展布,高速砾岩东西向上发生突变。克深7井设计钻探在克深7圈闭高点(图1-16a),当时二维地震剖面没有发现砾岩,也没有考虑到砾岩横向上的突变对圈闭的影响,钻后发现,由于高速砾岩的存在导致该井加深近600m,结果打在了圈闭以外(图1-16b)。通过三维地震叠前深度偏移资料准确刻画出砾岩的分布,重新落实克深7圈闭高点向东漂移了15km,而后设计克深9井打在克深7圈闭高点,证实了克深7圈闭的高点位置(图1-16)。

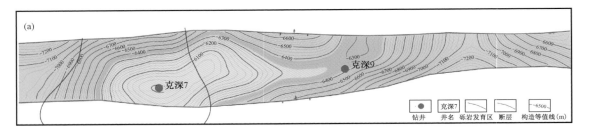

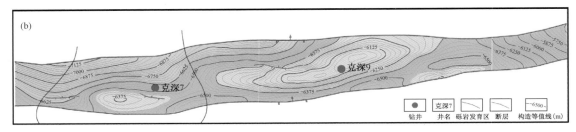

图 1 – 16　克深 7 圈闭白垩系顶面构造图

本区大北 6 井浅层砾岩发育,库车组砾石层厚 4050m,是该区浅层速度最大的一口井,库车组平均速度高达 5500m/s,直接造成该井目的层埋深设计比实钻浅 1020m,层位设计绝对误差高达 17.3% 。该井新近系库车组底界地震反射时间 2935ms,设计参考邻井(距该井 2.4km)相同层位地震速度 3860m/s,据此计算得到库车组底部埋深 3650m,实际地震层速度 4400m/s,实钻底界埋深 4508m,比设计深 858m,绝对误差高达 23.5% 。本井原设计井深 6230m,设计目的层顶部埋深 5900m,实钻目的层顶部埋深 6920m。由于地质设计误差较大,工程设计存在缺陷,只能小井眼揭开目的层。由此可见,砾石层岩性岩相的精细刻画,是合理预测地层速度,提高层位预测的关键所在。

二、高效钻井

库车前陆冲断带第四系、新近系上部发育巨厚强研磨性砾石层,地层胶结性差、结构松散,易出现垮塌、掉块、跳钻等井下复杂情况,且上部大尺寸井眼裸眼井段施工段长、机械钻速低,严重影响深层油气钻井安全和成本,从而影响该区块勘探开发进展。因此,搞清浅层砾石层纵横向分布、砾石层岩石学特征、胶结程度对井位部署、选择合理钻井方式,缩短建井周期,降低钻井成本具有极其重要意义。

(1)第四系、库车组砾岩胶结强度不高,易出现掉块导致井壁失稳;康村组、吉迪克组砾石层段岩石强度高,钻井过程中容易导致跳钻现象,钻压波动较大。

(2)地层从第四系至吉迪克组以水敏性为代表的黏土矿物逐渐减少,以钙质为代表的黏土矿物逐渐增多。钻井过程中随井深增加,井壁因水化作用失稳逐渐减弱。

(3)第四系、库车组上部砾岩颗粒间岩屑充填物与砾石颗粒表面为不完全接触,存在贴粒缝,胶结较疏松,缝洞发育较多,胶结物自身强度较低,不宜采用气体钻井。康村组、吉迪克组砾岩颗粒间胶结较致密,存少量微裂缝,不存在膨胀性黏土矿物,钙质胶结,胶结强度较高,井壁稳定性好,适合采用气体钻井等低压钻井技术进行提速。

提前预测砾石层厚度和深度是十分重要的。因为关系到井深结构设计,钻井液性能、相对密度、套管、费用、钻时等。如没有预测或预测砾石层(厚度)有误,给钻井工程带来困难、增加工程费用、延期钻井周期,甚至造成工程报废。

三、地震攻关

1)山前地震采集

在地震资料采集过程中,洪积扇大小、砾石层的厚度、岩性及分布对地震资料采集、反射品质有很大影响。

(1)表层破碎、疏松低速砾石层。

对于现代砾石层,当表层存在疏松和未固结成岩的低速砾石层时(厚度80~600m、速度800~1500m/s),对地震波能量有很强的吸收作用,对地震波激发接收极为不利。大部分激发能量被表层吸收,少部分能量往下透射,到达深层时,地震波有效反射能量已十分微弱,往往见不到有效反射波,剖面特征成"雪花状"。

(2)表层高速砾石层。

当厚层致密高速砾石层的地震波激发频谱为白色谱,而地震勘探有效频谱在20~150Hz之间,大于150Hz的高频激发能量在近地表被地层吸收而快速衰减,少部分有效能量(20~50Hz)往下透射,达到深层时有效波能量较低,深层资料信噪比和频率相对较低,这就是致密砾石层的能量屏蔽作用。再加上致密高速砾石层为脆性岩石,裂缝发育,次生干扰波强烈,故砾石区剖面信噪比低下。

对于厚度在百米以上的大面积砾石层出路区,进行地震资料采集,采用炸药震源打井放炮作业方式,大量炮井深度难以钻穿砾石层,采用浅井和土坑组合爆炸,井口干扰和噪声严重,往往又得不到好的地震资料。此时,应根据砾石区的特点,采用非震源(例如可控震源)和变观测系统方式,获得砾石区的地震资料。而不能盲目地投入大量人力和物力,强行进行地震资料采集攻关。

2)地震资料处理

浅层砾石层对地震资料处理的影响主要表现在砾岩发育区的速度突变,导致地震资料偏移成像不准;库车前陆冲断带第四系—新近系冲积扇发育,高速砾岩不均衡分布,使各向异性问题严重;加上古近系膏盐层岩性、厚度横向变化剧烈,还发育有盐刺穿构造,对盐下反射有一定屏蔽作用;而盐下目的层断块发育,还导致地震波场复杂,资料信噪比低,成像困难。之前,对克拉苏深层地震资料进行了叠前、叠后多轮次处理攻关,成像效果均都不理想。同时还发现地震资料偏移不到位,与钻井资料吻合程度较低,难以满足构造精细解释需要,制约了该区天然气勘探。准确的速度模型是叠前深度偏移获得好成像的关键,为了研究浅层速度空间展布规律,采用处理解释一体化思路刻画砾岩岩性、岩相变化。利用三维电法资料反映该区发育第四系和新近系库车组二套砾岩,新近系砾岩又被断裂分割成上下两盘,结合时间域地震数据提取的属性及波阻抗反演资料,根据已钻井岩性成果,对砾岩的沉积微相进行精细刻画。从而形成了从定性到半定量砾岩体识别与精细刻画的方法,得到了研究区砾岩岩性、岩相分布图。

根据砾岩识别结果,结合钻井速度资料,获得砾岩速度空间分布基本规律,由此建立研究区具有收敛性的初始速度模型。经过处理,资料信噪比和成像质量要好于以往各向同性叠前深度偏移攻关结果,处理效果较为显著。同时地震资料反映已钻井深度、倾角与实钻基本吻合,断层反射可靠,各断片接触关系清楚,构造形态合理。其处理效果体现在以下两方面:(1)目的层信噪比和成像质量优于各向同性叠前深度偏移资料。各向异性叠前深度偏移资料在成像质量,反映构造形态、断层位置、断片接触关系,以及对偏移画弧地解决,与钻井资料吻合程度均优于各向同性叠前深度偏移(图1-17b)。(2)目的层之下的中生界及基底反射层成像更清楚。该地区中生界及基底成像长期以来一直是难于解决的问题,成像精度较低,给该区盐相关构造底滑脱层确定,中生界厚度横向变化规律研究,以及基底解释工作造成困难。通过各向异性叠前深度偏移处理,中生界至基底成像较前期资料精度明显改善(图1-17a),为该地区构造建模、中生界厚度确定,以及基底成因和横向变化研究奠定了基础。

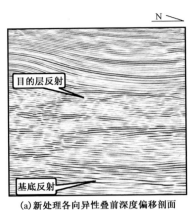 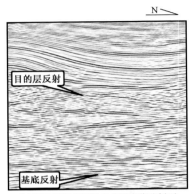

(a)新处理各向异性叠前深度偏移剖面　　　　　(b)原处理各向同性叠前深度偏移剖面

图1-17　地震资料处理效果图

3)资料解释

当浅层巨厚砾石层速度比围岩速度异常增高和降低时,在时间域里产生速度"上拉效应"和"下拉效应",对下伏构造形态影响很大,产生假背斜或构造形态被夸大。只有明确砾石层的形态和速度,建立合理的构造-速度模型,校正砾石层速度变化对构造形态影响,才能在深度域再现地层实际构造形态。对于从事山地复杂构造解释的人员,要充分注意这一点。

第三节　研究难点与技术对策

一、砾石层预测研究难点

1)砾岩体分布范围广、纵横向变化剧烈

新近纪末—更新世发生的印度板块与塔里木大陆板块的全面碰撞事件(即喜马拉雅运动),是塔里木盆地进入中、新生代发展阶段中最主要的构造事件。受其影响,库车前陆盆地随整个塔里木盆地同步进入统一的复合前陆盆地演化阶段。这一运动使北缘的南天山山系强烈上升,并大弧度地向南逆冲推覆,形成复杂的前陆逆冲带;值得一提的是第四纪晚期以来的新构造运动,至今仍表现得异常活跃。与此同时,在整个古近—新近纪库车盆地处于亚热带气候区的总体背景下,中新世早、晚期,随地形等环境的变化,曾表现出温带森林—草原气候的特点。进入上新世,伴随着菊科花粉开始出现,同时裸子植物云杉的大量产出,反映了当时气候明显变凉或地形明显升高的特点。受构造及气候条件控制,库车山前从中新世吉迪克组沉积时期—更新世,发育洪积扇—曲流河(冲积平原)相带(区)。库车坳陷新近系—第四系存在三种沉积类型的砾岩层,其成因分别是冲积扇、扇三角洲及河流相。各类砾岩层的成因及水动力条件不同,从而形成的岩性、结构、构造等特征也不同(图 1 – 18)。

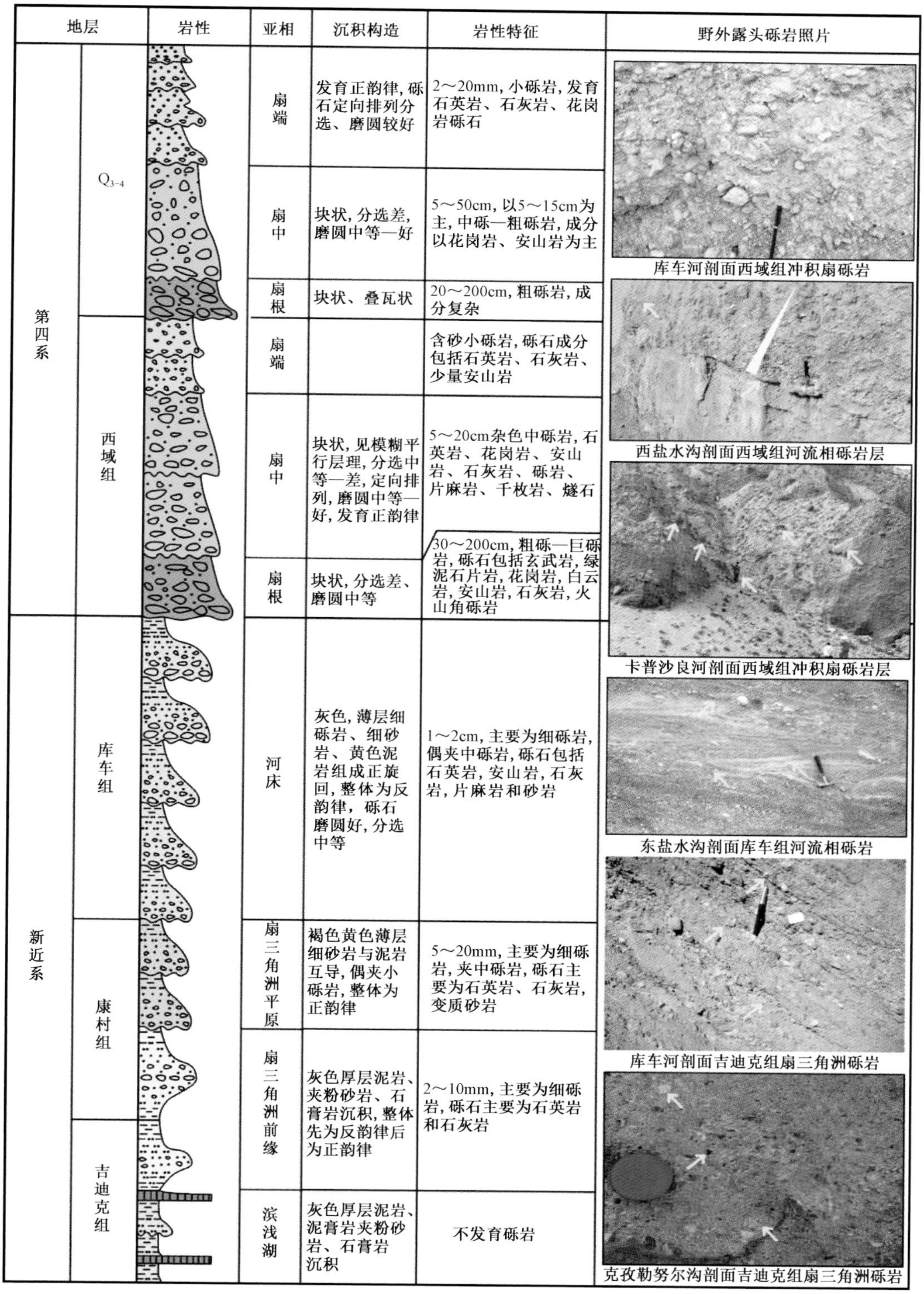

地层		岩性	亚相	沉积构造	岩性特征	野外露头砾岩照片
第四系	Q₃₋₄		扇端	发育正韵律,砾石定向排列分选、磨圆较好	2～20mm,小砾岩,发育石英岩、石灰岩、花岗岩砾石	库车河剖面西域组冲积扇砾岩
			扇中	块状,分选差、磨圆中等—好	5～50cm,以5～15cm为主,中砾—粗砾岩,成分以花岗岩、安山岩为主	
			扇根	块状、叠瓦状	20～200cm,粗砾岩,成分复杂	
	西域组		扇端		含砂小砾岩,砾石成分包括石英岩、石灰岩、少量安山岩	西盐水沟剖面西域组河流相砾岩层
			扇中	块状,见模糊平行层理,分选中等—差,定向排列,磨圆中等—好,发育正韵律	5～20cm杂色中砾岩,石英岩、花岗岩、安山岩、石灰岩、砾岩、片麻岩、千枚岩、燧石	卡普沙良河剖面西域组冲积扇砾岩层
			扇根	块状,分选差、磨圆中等	30～200cm,粗砾—巨砾岩,砾石包括玄武岩、绿泥石片岩、花岗岩、白云岩、安山岩、石灰岩、火山角砾岩	
新近系	库车组		河床	灰色,薄层细砾岩、细砂岩、黄色泥岩组成正旋回,整体为反韵律,砾石磨圆好,分选中等	1～2cm,主要为细砾岩,偶夹中砾岩,砾石包括石英岩,安山岩,石灰岩,片麻岩和砂岩	东盐水沟剖面库车组河流相砾岩
	康村组		扇三角洲平原	褐色黄色薄层细砂岩与泥岩互导,偶夹小砾岩,整体为正韵律	5～20mm,主要为细砾岩,夹中砾岩,砾石主要为石英岩、石灰岩、变质砂岩	库车河剖面吉迪克组扇三角洲砾岩
	吉迪克组		扇三角洲前缘	灰色厚层泥岩夹粉砂岩、石膏岩沉积,整体先为反韵律后为正韵律	2～10mm,主要为细砾岩,砾石主要为石英岩和石灰岩	克孜勒努尔沟剖面吉迪克组扇三角洲砾岩
			滨浅湖	灰色厚层泥岩、泥膏岩夹粉砂岩、石膏岩沉积	不发育砾岩	

图 1 – 18　库车坳陷中部新近系—第四系三类砾岩层的垂向层序、构造、岩性及野外露头特征

扇三角洲沉积形成的砾岩层主要发育新近纪早期,即吉迪克组—康村组沉积时期。由于扇三角洲距离物源区近,容易在扇三角洲平原和前缘亚相形成小规模砾岩层。扇三角洲沉积是部分入湖,因此该类砾岩层既具有陆上也有水下的沉积特征。陆上砾岩层水动力弱、分选差、圆度低,具有块状构造;水下砾岩层水动力较强、分选中等,具有交错层理,砾石定向排列,砾岩层上部和下部与褐色泥岩或泥质粉砂岩等水动力较弱的细粒沉积物接触。总体上,该类砾岩层的砾石成分简单,以石灰岩和燧石为主,粒径较小(5~10mm为主),强烈钙质胶结。

而冲积扇砾岩层是库车坳陷新近纪晚期强烈前陆构造活动的最直接产物,是南天山隆升并遭受强烈风化剥蚀产生的碎屑物质被洪水搬运至库车坳陷山前快速堆积而形成。一般认为该类沉积的水动力条件强,砾石搬运能力强,但是搬运距离短。但是通过野外考察,发现这类砾岩层在库车坳陷从库车组中晚期开始发育,到第四纪冲积扇砾岩层的规模已经变得很大,分布范围广(可延伸20~50km),厚度大(可达1000~2000m)。该类砾岩层为块状构造,不发育层理和粒序构造;砾石不具有定向排列,分选差、大小混杂,粒径范围1~200cm,主要分布在5~50cm;圆度不一致,有的磨圆很好,而有的磨圆很差,胶结疏松;砾石成分复杂,火山岩、变质岩和沉积岩砾石都有发育(图1-18上部)。

库车坳陷新近纪晚期的河流相,即冲积平原上也发育大量砾岩层,这些砾岩层分布在砾质辫状河道内。该类砾岩层沉积时期的水动力条件较强,搬运距离远,沉积构造丰富。砾岩层底部有明显的冲刷面,冲刷下部泥岩和砂岩,砾岩层内发育槽状交错层理或斜层理,这种类型砾岩层的砾石粒径小(2~20mm),分选、磨圆好,砾石长轴具有定向性,且向上呈现正粒序。同冲积扇砾岩层一样胶结疏松(图1-18中部)。

根据钻井数据统计,新近系库车组—第四系的冲积扇砾岩层从厚度上所占比重最大,河流相砾岩层次之,扇三角洲砾岩层规模最小,且冲积扇的演化与前陆活动的强度变化联系更密切,这给砾石层精细预测带来较大困难。

2)砾石层分布在非目的层,资料有限

前已述及,库车前陆冲断带丰富的油气资源主要赋存在白垩系巴什基奇克组优质砂岩中,上覆古近系膏盐岩为优质盖层,浅层新近系—第四系数千米厚陆相含砾碎屑岩地层属于非目的层。勘探开发实践中,对地质资料录取及研究当中关注不够,导致资料极其缺乏,给砾石层研究带来巨大困扰。

浅层测录井资料不全。通过整理发现,近半数的钻井缺少浅层的录井岩性,甚至部分钻井浅层未测井,部份钻井的岩性和测井曲线资料不可用,有的岩性录井与测井曲线不匹配,岩性需要重新解释,有的测井曲线需要作环境校正。

浅层层位划分对比较为混乱,原有分层方案中钻井分层和地震分层不统一,特别是分层在全区地震剖面上无法闭合,如克拉苏构造带东西两区(指大北地区和克拉地区)分层依据不同,导致两地区的吉迪克组及其以上地层钻井上无法对比,在地震上无法拉通,而且多处与地质图存在矛盾。这一问题主要体现在吉迪克组的划分上,根据正用的分层数据,把吉迪克组底界(地震界面为 T_{N_1j})标定在地震上,除个别井外,在克拉苏构造基本上可以追踪并闭合。但是吉迪克组的厚度在大北地区和克拉地区差异较大,吉迪克组的厚度差异直接导致地震上吉迪克组顶界(地震界面为 $T_{N_{1-2}k}$)无法闭合。大北地区吉迪克组的平均厚度大约300m,而克拉2井地区的平均厚度超过1000m,如此大的厚度差异无法用库车坳陷区域沉积环境变化来解释,实际上,库车坳陷吉迪克组沉积时期,东西两区的沉积环境差别并不大。再者大部分探井的浅层都归到了库车组，没有继续划分出第四系，更没有细分出 Q_1x、Q_2 和 Q_{3-4}，这与地质露头特征也不符合。而且，目前浅层大部分厚层砾石均属于 Q_1x 和 Q_{3-4}，地层划分体系的不完善不利于系统的研究砾石层沉积特征及其分布规律。因此，在开展砾石层研究之前，需要进行浅层的统层工作。

研究人员充分利用野外露头、钻井、测井和地震资料，通过分析浅层主要地层的沉积旋回特征及其变化规律，并考虑各套地层的厚度分布、电性特征和地震反射特征等因素，确定了地层对比依据，进行层位重新划分与对比，实现了露头、钻井、测井和地震地层划分对比的统一，建立较为可靠的地层分布格架。调整后的分层方案，不但与野外露头剖面、地表出露的地层、井下的旋回特征以及宏观地层展布规律等都比较一致，而且最终实现了在全区地震层位上的追踪和闭合，为系统研究砾石层奠定了基础。

3）缺乏有效的技术手段

石油天然气勘探开发中常见的冲积扇成因的砾岩预测技术主要针对砂砾岩储层，主要是以三维地震为基础的扇体识别及描述技术，包括层位标定、扇体边界确定、扇体旋回体划分、储层预测、厚度（岩性、物性、速度等）求取等内容。一般是利用地震地质分析方法来确定砂砾岩扇体的分布范围，包括古地貌恢复、地震属性技术、相干分析技术、测井约束反演技术、时频分析技术等。这些技术主要适用于断陷湖盆陡坡带发育的水下扇体，砾岩体规模相对较小，泥岩隔夹层多。预测精度主要取决于地震资料品质以及钻井资料约束程度。

库车前陆冲断带新近纪到第四纪气候干旱、山体快速隆升，山前沉积了巨厚的砾岩体，砾岩受控于加上构造变形强烈，地震资料品质差，地震速度畸变，钻井相对较少，单纯依靠地震资料无法准确识别刻画砾岩体。但长期以来，浅层砾石层预测缺乏必要的技术手段，主要由于山地地震资料品质差、信噪比较低，而钻井资料相对较少，导致砾石层识别一直无法取得较好效果。

二、技术对策

1）转变理念

以地质服务于工程的理念，把"非目的层"当作"目的层"研究，汇集各领域专家开展联合攻关，组成库车浅层巨厚砾石识别与刻画技术团队，对库车中部浅层砾石层进行进攻性措施，采取包括浅层地震地质统层、冲积扇物源追踪与厘定、大面积部署三维重磁电、井约束下地震反演、砾石层年代地层分析五大技术措施，创新了包括冲积扇物源追踪与厘定、非地震与地震融合、年代地层学雕刻、砾石层地震属性反演四大核心技术，实现了该区浅层砾石层的识别与精细预测，成果被广泛应用在克拉—大北地区地震速度建场、圈闭落实与井位优选、地震处理、工程决策四大领域，有力推动了该区天然气勘探开发进程。

2）创新思路

为精细预测砾岩，解决勘探瓶颈问题，采取三项主要技术措施。一是对盐上地层进行大规模的全层位地震地质统层，基本摸清了各层系砾石层的主要发育特征；二是对山前现今主要冲积扇进行地质大调查，确定了露头与井下冲积扇叠置关系；三是通过部署大面积高精度三维重磁电资料，直观确定了浅层砾石层总体分布规律。在此基础上，创新性提出了三维重磁电与地震资料进行叠合的方法，直接在地震层位上进行砾石层岩性岩相解释，使浅层砾石层的精细预测得以实现，编制了克拉—大北地区浅层砾石层岩性岩相预测剖面、砾石层厚度图、井约束地震反演平面图、浅层砾石层沉积古地理图四大图件,基本明确了库车前陆冲断带各个地质时期砾石层的沉积背景、分布范围、岩性岩相纵横向展布规律、砾石成分、胶结程度等。

3)形成技术

砾岩层的精细刻画成果在四大领域的推广应用取得了良好效果。一是最大限度消除了砾石层所带来的速度陷阱,使地震处理成像速度更准确,山前地震叠前深度偏移处理取得重大突破,叠前深度偏移资料品质首次超过了叠后时间;二是在大幅度提高了关键层位预测精度,克深—大北地区关键地质层位预测误差由10%降至2%左右;三是落实了多个重点圈闭,钻探取得突破,新发现一批大型气藏,基本落实了克深万亿立方米大气区;四是井位部署避开了砾石层发育区,据此制定了针对砾石层的钻井工艺,大幅度提升了浅层机械钻速。2009年以前,库车地区8口井浅层平均机械钻速为15.9m/d;进行砾岩预测后,13口井浅层平均机械钻速提高至为31.9m/d,提高126%。

第二章 新生界分布与砾岩层发育特征

库车坳陷砾石层的沉积成因有三种,分别是冲积扇、扇三角洲和冲积平原沉积,其中以冲积扇为主。砾石层具有同期异相和同相异期的特点,按照地层时代划分期次,相同期次内砾石层还可能发育在不同相带,各相带内的砾石层特征和分布差异较大。

扇三角洲沉积形成的砾岩层主要发育于新近纪早期,即吉迪克组—康村组沉积时期。由于扇三角洲距离物源区近,容易在扇三角洲平原和前缘亚相形成小规模砾岩层。扇三角洲沉积是部分入湖,因此该类砾岩层既具有陆上河道也有水下河道砾石的沉积特征。陆上砾岩层水动力弱、分选差、圆度低、具有块状构造;水下砾岩层水动力较强、分选中等、具有交错层理,砾石定向排列,砾岩层上部和下部与褐色泥岩或泥质粉砂岩等水动力较弱的细粒沉积物接触。总体上,该类砾岩层的砾石成分简单,以石灰岩和燧石为主,粒径较小(5～10mm为主),强烈钙质胶结。

而冲积扇砾岩层是库车坳陷新近纪晚期前陆构造活动强烈的最直接产物,南天山隆升并遭受强烈风化剥蚀的产物被洪水搬运至库车坳陷山前快速堆积形成。一般认为该类沉积的水动力条件强,砾石搬运能力强,但是搬运距离短。通过野外考察,发现这类砾岩层在库车坳陷从库车组沉积中晚期开始发育,到第四纪时期冲积扇砾岩层的规模已经变得很大,分布范围广(可延伸20～50km),厚度大(可达1000～2000m)。该类砾岩层为块状构造,不发育层理构造和粒序构造;砾石不具有定向排列,分选差、大小混杂,粒径范围1～200cm,主要分布在5～50cm;圆度不一致,有的磨圆很好,有的磨圆很差,胶结疏松;砾石成分复杂,火山岩、变质岩和沉积岩砾石都有发育。

库车坳陷新近系晚期的河流相,即冲积平原上也发育大量砾岩层,这些砾岩层分布在砾质辫状河道内。该类砾岩层沉积时期的水动力条件较强,搬运距离远,沉积构造丰富。砾岩层底部有明显的冲刷面,冲刷下部泥岩和砂岩,砾岩层内发育槽状交错层理或斜层理,这种类型砾岩层的砾石粒径小(2～20mm),分选、磨圆好,砾石长轴具有定向性,且向上呈现正粒序。同冲积扇砾岩层一样胶结疏松。

根据钻井数据统计,新近系库车组—第四系的冲积扇砾岩层从厚度上所占比重最大,河流相砾岩层次之,扇三角洲砾岩层规模最小,且冲积扇的演化与前陆活动的强度变化联系更密切,因此,冲积扇砾岩层的分布和演化研究显得尤为重要。

第一节 新生界地层划分与对比

古近系库姆格列木群膏盐岩与下伏白垩系巴什基奇克组砂岩组成的优质储盖组合是库车坳陷中部最为重要的勘探领域,在勘探生产中,通常将其上覆地层称之为浅层,包括新近系吉迪克组、康村组、库车组及第四系。新近纪—第四纪,天山山系急剧隆升,库车坳陷进入快速沉陷和快速充填期的磨拉石构造层序,沿山前发育冲积扇群,自北向南冲积扇相—辫状河相—滨浅湖相有规律展布,沉积物厚度6000～7000m,向南减至1000m左右,剖面上为一不对称的楔状体。第四系主要为山麓冲、洪积扇堆积,厚达2000m左右。

吉迪克组原指苏维依组与上部红色岩组之间一套夹有多层较厚灰绿色泥岩条带的红色泥

岩,其在库车坳陷岩性变化较大,分为东部及南部类型、中西部类型。东部及南部类型主要岩性为褐红色泥岩夹多层较厚的灰绿色泥岩条带以及厚层膏盐沉积;中西部类型主要岩性为紫红色泥岩、泥质粉砂岩、粉砂岩、砂岩、砾岩韵律互层,夹灰绿、灰色泥岩、粉砂质泥岩。康村组岩性变化较大,总体在库车坳陷中岩性由北向南逐渐变细。在北部单斜带该组为红色砂砾岩,化石贫乏;向南变为褐红色砂岩和同色泥岩互层,其下局部夹灰绿色粉砂岩、砂质泥岩条带。在秋里塔格山区该组为棕褐—红色泥岩、砂岩互层,下部夹灰绿色砂泥岩薄层。库车组在库车坳陷岩性变化大,总体由北至南岩性呈逐渐变细的变化趋势,在北部单斜带、克拉苏构造带为黄灰色砾岩,往南相变为灰、黄灰色砂岩、粉砂质泥岩和砾岩互层,至南秋里塔格山区该组变为灰、绿灰色砂岩、砾岩与黄灰褐灰色泥岩、粉砂质泥岩、泥质粉砂岩不等厚互层。第四系下更新统西域组为冲积扇相的砾岩,中、上更新统—全新统为洪积坡、坡积的沙、砾石、亚砂土等松散堆积,无胶结、无层理,局部为冰水沉积。

由于库车浅层岩性、岩相变化剧烈,并缺少可以鉴别时代的古生物化石,加上地表构造复杂,地震资料品质差等因素,在地层划分和对比上一直未能取得统一认识,给浅层构造建模、速度研究等勘探生产带来诸多困难,前人多采用岩石地层系统进行库车坳陷浅层对比与划分。地层划分、对比存在以下四个方面问题:构造带内分层不统一;地震地质层位不统一;地层划分依据不充分;穿时现象较为严重。

一、地层划分方案沿革

从 19 世纪 20 年代初至现在,许多中外地质学者在研究区进行过地层研究工作。按年代和调查研究的程度可分六个阶段。

1. 第一阶段(1820—1931 年):为纯地理性质调查及粗略的地质路线调查阶段

1887 年以前,俄国地理学者沿东天山南坡进行过地理调查研究。1887 年俄国地质学家 U. B 伊格那切夫真正开始地层分布及矿产的路线调查,同年 N. U. 博格达维奇也进行了路线调查工作,他认为天山南坡的煤产于侏罗纪地层,并指出库车洼地为一构造凹地,第四系的变动、褶曲、断裂是天山地质构造的特点。其后,德国地质学家 T. 科依捷尔(1903),瑞士著名地质学家埃利克·诺林(1931)也在库车地区进行路线调查,后者将调查区古近系分为"A""B""C"三个岩系,并在"B"岩系内找到上新统的植物化石。

2. 第二阶段(1935—1942 年):为地质调查初期阶段

从 1935 年原苏联专家到新疆工作开始,首次较详细的研究了调查区中、新生代地层,并编制了有关地质图及地层柱状图,还首次发现了喀桑托开和库姆格列木背斜,并对康村油苗进行调查。1940 年 O. C 维罗夫也做了调查工作,并将古近—新近纪地层划成四个岩系。1942 年我国著名的地质学家黄汲清先生在区内进行了调查工作,并对库车盆地中、新生代地层首次进行系统划分。同时,在构造及冰川沉积方面提出了一些有益的看法。因历史的局限性,他的地层划分方案及构造上的一些认识也存在一些问题。

3. 第三阶段(1950—1955 年):为中国与原苏联合作较大规模开展地质调查工作阶段

1950—1954 年间,先后有中苏石油公司和 13 航测大队进行地质路线踏勘、普查、详查及专题研究等各种工作。虽然在地层划分及构造分析等方面存在一些问题,但多数工作成果是较丰富且有一定价值的。

1951 年原苏联石油公司所属塔里木盆地北部边缘的地质路线普查队地质专家杜柯夫指出:赫平特—马扎尔克山将塔里木盆地的北缘槽形凹地分成库车和喀什盆地两部分,前者为陆相,后者为海陆交互相;东秋立塔克背斜构造是最有含油远景的背斜;在库车洼地南缘寻找古生代油田是有可能性的,并认为上寒武统的黑色页岩及下石炭统和二叠系都可能生油;认为以"康村油层"为目的层的勘探对象(构造)有库车、西库车及托克拉喀坦等三个。

1952年春,原苏联13航测大队在调查区进行较大规模的地质普查工作,著有报告三卷。所涉及的地层、构造及含油性方面成果至今仍有一定参考价值。在构造方面,该队认为库车洼地内各背斜带构造形成具有长期性、继承性,并指出了构造不整合以不同的形式出现在背斜轴部附近的规律性;在地层方面,对调查区中、新生代地层做了较详细的划分,虽然一些层系的划分对比存在一些问题,但至今仍为广大地质工作者引用。

同年前中苏石油公司地质家伊林领导的一个详查队,在姆紫勒塔河到库车河间的库车塔吾背斜进行了比例为1∶50000的地质调查工作,测绘了详细的地质图、柱状图和横剖面图,并沿克孜勒努尔沟对较老地层作了路线剖面的描述。1953年春,他在西喀桑托开背斜进行1∶50000的详查。同时前中苏石油公司地质调查处地质家N. M. 且包夫在库车以东的亚肯和吉迪克构造进行1∶50000的地质调查工作,并绘有相应图件。

1954年是调查区较全面开展地质调查工作的一年,有详查队、专题研究队及钻井队等地质队伍同时开展工作。

东秋立塔克地质调查队专家且包夫第一个发现并详细描述了基里什峡谷的浅色液体油苗,并确定了它的层位。他给东秋立塔克背斜评价极高,并建议在该构造钻井。同年由B. Я.世洛可夫专家领导的地质详查队在东喀桑托开及库姆格列木背斜进行工作。他对地层划分方案进行了修改,并指出:库姆格列木背斜先成于喀桑托开背斜;认为构造是有继承性的;还认为构造轴是由北向南逐渐滚动的。该队实习采集员刘文生还在克拉苏河以东2km沿吐兹鲁干谷分布的下含煤层中发现"油层"露头。

由J. K. 聂夫斯基领导的南疆专题研究队在库车、喀什两地进行以地层对比为重点的地质研究工作,首次提出"相变"的问题。他认为前人藕色砂岩层是条带杂色层的变种岩性,而砾岩系则为苍棕色层的变种,并建议将苍棕色岩系分成两个岩组,即条带状杂色层和苍棕色层。他通过沥青发光资料的研究,得出区内北部单斜带含煤岩系往南很可能过渡为含油岩系的结论,并认为区内白垩系的砂岩是库车最好的储油岩系。聂夫斯基上述含油性方面的认识,与13航测大队的推论及认识是一致的。

1954年据伊林设计在克拉苏河谷西喀桑托开背斜钻了两口探井,一口井定在背斜轴部以北500m,设计深度为1200m,实钻至1210m,往下倾角增大,估计已钻至古近系近底部;2号井位于背斜轴部以北1000m,钻至2000m处遇高压天然气层,被迫停钻。

4. 第四阶段(1956—1988年):以新疆石油管理局为主,大规模进行石油勘探及专题研究阶段

1955年原中苏石油公司移交中国,1956年新疆石油地质工作者姚国范、陶瑞明等开始进行石油地质调查工作,是调查区首次较正规系统的专题研究,取得了较丰富的成果。在构造方面划分了区域的构造单元,对局部构造作了概略的观察并进行了分级,认为喀桑托开、库姆格列木、依奇克里克、吐孜玛扎、吐格尔明、东秋立塔克、亚肯、库车及南喀拉玉尔滚等背斜为一级;在含油性方面初步认为三叠—侏罗系与新近系上部为生油层段,储油层首次推中侏罗统、下侏罗统上部及下白垩统上部和上白垩统;在地层方面首次进行较正规的清理,如将新近系古新统—渐新统称库姆格列木统、中新统称吉迪克统,上新统称秋立塔克统⋯⋯这些认识与工作,为调查区进一步工作奠定了良好的基础。

1958年,依奇克里克油田的发现与开发,极大地推动了本区石油地质综合研究向深度与广度发展。在1958—1970年间,主要工作可分为三个方面:(1)构造详查与细测;(2)重磁力

详查与细测工作;(3)各专题研究。

专题研究可进一步分为构造、地层及综合研究三类。其中李效亭等(1962)"塔里木盆地库车洼地二叠纪、三叠纪及侏罗纪地层研究总结"报告;李道燧(1963)"库车洼地含油气构造评价及今后勘探意见"报告;108/66队的"塔里木盆地库车地区石油地质构造专题研究"以及赵春元等"库车洼地专题研究队地质总结"等具有一定的代表性,为今后库车盆地石油地质深入研究提供了许多扎实可靠的资料,至今还被广泛引用。前者首次主张将塔里奇克组划归上三叠统。

在上述研究期间,新疆石油管理局113/60队、二大队(1963)、八大队(1975)也在库车盆地做了一定的工作。前者进行了建组工作,如古近—新近系的苏维依组和吉迪克组的建立。后两者在区内西部古近系建立了塔拉克群和阿瓦特群。

1976年,新疆石油局编表、编册小组在"新疆侏罗系的划分与对比"一文中提出将三叠系、侏罗系界线放在塔里奇克组之中的可能性。彭希龄(1983)正式提出"塔里奇克组顶为三叠系与侏罗系的界线"。

1977年,新疆地层表编写组对区内地层系统进行了全面整理,首次全面、系统地建立了区内中、新生代地层系统,使区内地层研究上了一个新台阶,现已为有关科研院所、生产单位广泛应用,取得了明显的社会及潜在的经济效益。

其后,地质科学院钾盐队(1978—1979年),新疆地质局八大队(1979,1981)、三大队(1979)、水文队(1979)及区调队(1979)先后做了一定的工作。前两者在区内西部建立了塔拉克组(E_1t),小库孜拜组(E_2x)及阿瓦特组(E_3a)。后者沿天山山脉(部分涉及区内中、新生代地层)填制了3幅1∶20万地质矿产图(K-44-XVⅠ、K-44-XVⅡ、K-44-XVⅢ)。雍天寿(1984年)在"西塔里木盆地海相晚白垩世—早第三纪地层"一文中部分涉及库车西部。另外周朝济等(1980)认为库车盆地在中生代为断陷型盆地,在新生代为挤压山前盆地,而李德生(1982)认为库车盆地为一中、新生代山前坳陷。

西北石油局地质大队101队(1984)在塔里木盆地东北地区中、新生代地层划分、对比研究报告中,将亚格列木组和舒善河组划为上侏罗统,原为上侏罗统的喀拉扎组和齐古组改划为中侏罗统。还认为同莱山组应成立,并划为上白垩统。

5. 第五阶段(1989—1998年)

1989年,塔里木石油勘探开发指挥部宣布成立,有关领导及专家,从战略的观点重新开始并逐步加大了库车盆地石油勘探的力度,从此开辟了本区石油勘探与石油地质综合研究的新纪元。地震勘探和高精度重力勘探相继开展,近几年在其前缘隆起张性构造带发现一批油藏,近期又在克拉苏构造和依南构造获重要突破,预示库车盆地的大场面即将来临。

在塔指领导指导下,研究区石油地质综合研究方面取得了重大进展,主要有两套重要成果。一为85-101项目取得的系列成果:(1)构造方面,认为库车盆地在三叠纪为一前陆盆地,在侏罗纪为陆内盆地,在白垩纪—第四纪为复合前陆盆地。该盆地中、新生界具有明显的前陆坳陷沉积特征,其构造特征为一强烈变形的山前逆冲带,对塔里木盆地油气分布起了重要的控制作用,构成塔里木盆地中、新生界逆冲带油气藏组合。还认为前陆逆冲带有明显的分带性,其中叠瓦构造带和早期前缘隆起张性构造带是有利的油气聚集区带。(2)沉积相与含油性研究方面,认为塔北隆起已发现的油气按成因可分为海相与陆相两大类,陆相油气来源于库车盆地三叠—侏罗系。认为库车盆地具有可观的生油气潜力,具良好的生储盖条件,可分为两套生储盖组合,并指出库车油气系统侏罗系烃源岩自中新世进入生油门限,生成凝析油气,现今达到高峰,油气以饱含气的凝析油相运移,在前陆隆起区油气分异聚集。控制油气分异聚集的主要因素是地层分馏作用和压力对相态的控制。在库车盆地，其侏罗系排烃高峰期与构造圈闭的形成期是配套的。(3)地层古生物方面：根据介形类、轮藻以及下伏地层时代，确定齐古组为晚侏罗世早期，库车盆地缺失晚侏罗世中、晚期地层；根据介形类初步认为区内原归属于晚白垩世的巴什基奇克组时代改为早白垩世中、晚期；根据区内西部古近纪海陆过渡相地层的沟鞭藻和孢粉确定小库孜拜组下段时代为晚古新世，其上段以及阿瓦特组中、下部为始新世中、晚期，为解决塔里木海、陆相古近纪地层对比提供了依据。

另一套系列成果是塔指研究中心结合生产实际编写的。胡云杨(1992)、陈家范等(1992，1993)、李道燧等(1994)先后在其报告、年终总结及勘探部署中提出很多有重大价值的认识：他们把库车盆地生油岩分为三套，即三叠系、侏罗系的煤和暗色泥岩、新近系吉迪克组的暗色泥岩。并认为三叠系已处于高成熟的生气阶段，侏罗系多为成熟阶段，是主要生油层；将目前钻井能力能钻到的储层分为吉迪克底砂岩和库姆格列木群底砾岩，白垩系储层(可进一步分为上白垩统砂砾岩、下白垩统巴西改组砂岩以及亚格列木组砾岩)以及侏罗系储层(克孜勒努尔组砂岩及阳霞组至阿合组砂岩)；在构造分析方面，认为库车盆地的基底为前震旦纪结晶基底，推测基底之上存在古生代地层。并认识到燕山和喜马拉雅两期构造运动形成天山山前逆冲褶皱带，所形成的3个区域性的滑脱面在纵向上构成三个构造层及相应的三种构造变形；还指出库车盆地受天山南逆冲挤压应力作用的影响，形成了盆地内东西向展布的五排地面构造，凡是有地面构造就有深层构造，仅仅是深浅层构造顶部有所偏移等。

在上述研究期间，还有地矿部西北石油局、地质科学院、中国地质大学、新疆地质矿产研究所、北京大学、南京大学、浙江大学、兰州大学等单位与个人对库车盆地地层、沉积相及含油性诸方面进行了调查研究，前者在"七五"期间对区内三叠系、侏罗系作了一定工作，在库车河地区测制了 $T_1eh—K_1$ 地层剖面，按新疆区域地层表较"六五"期间规范了三叠—侏罗系的划分。但将黄山街组上部划归塔里奇克组，并认为阿合组有属三叠系及俄霍布拉克组下部有属上二叠统的可能性。后者(1989)在《塔里木盆地东北缘上二叠统顶底界线研究》一文中，提出俄霍布拉克组砾岩底为二叠系与三叠系的界线。浙江大学(1989)在库车河剖面二叠系与三叠系的界线附近做了古地磁工作认为界线应划在砾岩附近。卢华复等(1994)认为库车盆地为再生前陆盆地，钱祥麟等(1994)认为库车盆地为一陆内挠曲盆地，何登发(1996)认为库车盆地为一中、新生代前陆盆地。而蔡立国(1996)认为库车盆地为一个叠加复合型前陆盆地。

塔指勘探研究中心综合研究室王智(1995)编写的《塔里木盆地中生界划分对比》一文中，部分涉及库车盆地，该文较详细地汇集了石油、地质及科研院所的最新成果，提出存在的问题并指出进一步研究方向，对下一步工作有一定帮助。杨藩等(1994)在《中国油气区第三系》一文中将古近系、新近系界线划在吉迪克组中部。

另外需要提出的是，西北大学滕志宏等1994年完成的"塔里木盆地及周缘地区上第三系—第四系地层及晚新生代构造期次划分"报告，属85-101-01-18课题的子课题。该课题首次在库车地区进行新生界磁性地层柱的编制工作，并取得重要进展，成功地确定西域组上、下部和库车组分别属于松山反向极性时早期(2.5—1.67Ma)、高斯正向极性时期(3.4—2.5Ma)及吉尔伯特反向极性时期(5.3—3.4Ma)。把岩石地层、生物地层研究水平推向了年代地层学研究的新高度。他们还通过磁性地层柱与地震测线界面追索相结合的办法，提出覆盖区库车组的2/3或1/2应划为西域组，是西域组同期异相的产物。石油大学孙镇城教授在库南1井的工作也支持这种划分。但遗憾的是该磁性柱1.67Ma以上地层无资料，库车组以下磁性剖面极性资料残缺不全，如康村组与吉迪克组应该是跨越约20Ma、极性频繁变化应有80多次的时期，但该剖面仅有20多次极性变化，基本上无法应用。

6. 第六阶段(1996—2001年)

塔里木石油勘探开发指挥部委托滇黔桂石油勘探开发指挥部开展了库车前陆盆地露头区中、新生代地层构造沉积相及含油性调查研究。此次研究提出了以地层古生物工作为基础,构造为主线,含油气系统研究为核心,以寻找大油气田提供可靠资料为目的的工作总体思路。共测制剖面23条(其中全层段剖面5条、重点层段剖面15条、观察剖面1条,采样未丈量剖面2条),总厚51010.35m;穿越(踏勘)路线43条,总计长1690km;实定地质点1212个;测量横剖面3条,长142.6km;采集各类分析样品12575块(包),室内分析各类样品11907件;编制各类附图78份共150张,图册1套(2册),整理各类基础数据表1套(1册)、选贴并说明图版126版,编制库车坳陷1:10万地质框架图。

研究人员遵循国际地层指南确定的多重地层单元划分的原则,从清理岩石地层单位入手,以生物地层研究为基础,结合磁性地层和元素地层研究成果,利用ESR测年和硫同位素测定数据,在地层研究中取得了明显的进展。

(1)在研究区内建立了吐格尔明、库车河、克拉苏河、卡普沙良河和阿瓦特河等5条露头中、新生代地层基准剖面;建立和完善了库车前陆盆地露头区中、新生代地层系统,包括岩石地层系统的3个群、25个组(亚组)、54个段和5个亚段。生物地层系统包括85个化石组合(带),较前人多建31个。年代地层系统包括5个系、12个统和15个阶。

(2)解决了一些地层疑难问题:① 在库车河和克拉苏河剖面克拉玛依组中段和下段分别采获了晚三叠世延长植物群和中三叠世植物群,再次证实克拉玛依组的时代为中—晚三叠世;同时确定中、下段之间为不整合接触,并为进一步解决中三叠世晚期地层是否缺失提供了重要线索。② 在多条剖面的塔里奇克组采获了大量化石,其中植物化石为早侏罗世,孢粉为晚三叠世到早侏罗世,大孢子为晚三叠世,双壳类化石特征与下伏黄山街组有较大差别,为最终解决塔里奇克组的地质时代并为三叠系与侏罗系的界线提供了新的化石依据。③ 依据阳霞组采获的植物、孢粉和大孢子化石组合的变化规律,阳霞组下段上部和下部之间有一明显的界线,为中、下侏罗统界线的确定提供了新的化石依据。④ 在巴什基奇克组采获了前人曾经发现过的早白垩世晚期介形类化石 *Latonia*,同时新发现了时限为侏罗纪—早白垩世的轮藻化石 *Latochara columelaria*,进一步证实该组时代为早白垩世晚期。⑤ 根据岩性、岩相和化石特征,首次将古近系分为东、西两区和阿瓦特、大宛齐和库车河等三种类型,并提出如下地层对比关系:阿瓦特型的塔拉克组相当于库车型库姆格列木群下组及上组下部,小库孜拜组相当于库姆格列木群上组下部至苏维依组下部,大宛齐型的巨厚盐膏层应与库姆格列木群至苏维依组相当。⑥ 通过区内多条剖面中灰绿色泥岩条带所含化石的对比研究,确认卡普沙良河的灰绿色泥岩条带的层位是始新统,比中新统吉迪克组的灰绿色泥岩条带的层位要低。经古地磁、ESR石英测年及古生物资料综合分析认为东秋立塔克地区古近—新近系与第四系的界线在库车组上部。

(3)通过对各岩石地层单位之间接触关系的研究,认为从上二叠统至第四系有13个不整合面,其中克拉玛依组上、下亚组(原中、下段)之间及吉迪克组和苏维依组之间的不整合面为首次确定。

(4)完成了地面与井下的地层对比,及时指导了生产。

根据库车坳陷覆盖区和井下钻探发现,新生界包括古近系、新近系和第四系,该区的地层划分经过多个单位和多次修订(表2-1)。目前正用的地层名称由1991年在新疆地层典中提出,而划分方案是在2004年张师本提出的方案基础上修订的,包括库姆格列木群、苏维依组、吉迪克组、康村组、库车组和西域组。

表 2 - 1　库车坳陷新生界划分沿革表

地层（系/统/阶）	中苏13航测队 (1952—1953)	新疆石油管理局 (1956)	新疆石油管理局 (1960)	新疆地质二大队 (1963)	新疆地质八大队 (1975)	地科院钾盐队 (1978)	新疆区域地层表 (1981)	西北石油局 (1984)	塔指85报告 (1995)	滇黔桂研究院 (1998)	覆盖区地层 (张师本，2004)	地层室 (2008)
新生界 新近系 全新—更新统 N_P / 牛城阶	米斯布拉克岩系 N_2-Q_1	西域砾岩 N_2-Q_1	西域砾岩 N_2-Q_1	米斯布拉克岩系 N_2-Q_1	米斯布拉克岩系 N_2-Q_1	西域砾岩 Q_1	西域砾岩 Q_1	西域砾岩 Q_1	西域砾岩 Q_1	西域砾岩 Q_1	库车组 N_1-Q_1	西域砾岩 Q_1
上新统 N_2 / 麻则沟阶、高庄阶	苍棕色岩系 N_2	秋里塔克统 N_2	苍棕色组 N_2；秋里塔克组 N_1^2	滴水群 N_2；红色组 N_1^b	滴水群 N_2；红色组 N_1^b	库车组 N_2	库车组 N_2	库车组 N_2	库车组 N_2	库车组 N_2		库车组 N_2
中新统 N_1 / 保德阶、通古尔阶、山旺阶、谢家阶	上红色岩系 N_1；秋里塔克状岩系 N_1	秋里塔克统 N_{1-2}；吉迪克统 N_1	上红色组 N_1^b；吉迪克组 N_1^2；苏维依组 N_1^1	秋里塔克群 N_1；条带岩组 N_1^a	秋里塔克群 N_1；条带岩组 N_1^a	康村组 N_1；吉迪克组 N_1	康村组 N_{1-2}；吉迪克组 N_1	康村组 N_{1-2}；吉迪克组 N_1	康村组 N_1；吉迪克组 N_1	康村组 N_1；吉迪克组 N_1	康村组 N_1；吉迪克组 N_1	康村组 N_1；吉迪克组 N_1
古近系 渐新统 E_3 / 塔本布拉克阶、乌兰布拉格阶	含盐亚岩系 E_3	吉迪克统 E_3-N_1	库姆格列木统 E_{1-2}	阿瓦特组 E_3；石灰岩泥岩组 E_3^c；岩盐岩群组 E_3^b	红色组 N_1^b；阿瓦特组 E_3；上组 E_3^c、中组 E_3^b、下组 E_3^a	盐水沟组 E_3-N_1；阿瓦特组 E_3	苏维依组 E_3-N_1	苏维依组 E_3-N_1；阿瓦特组 E_3	苏维依组 E_3-N_1	阿瓦特组 E_3；苏维依组 E_{2-3}	苏维依组 E_{2-3}	苏维依组 E_{2-3}
始新统 E_2 / 蔡家冲阶、垣曲阶、卢氏阶、岭茶阶	含盐石膏岩系 E；红色亚岩系 E_2	库姆格列木统 E_{1-3}		塔拉克组 E_2；泥岩组 E_2^c、泥岩粉砂岩组 E_2^b、含石膏组 E_2^a	塔拉克群 E_2；上组 E_2^b、下组 E_2^a	小库孜拜组 E_2；库姆格列木统 E_{1-2}	库姆格列木统 E_{1-3}	小库孜拜组 E_{1-2}；库姆格列木统 E_{1-3}	库姆格列木统 E_{1-3}	小库孜拜组 E_{1-2}；库姆格列木统 E_{1-2}	小库孜拜组 E_{1-2}；库姆格列木组 E_{1-2}	小库孜拜组 E_{1-2}；库姆格列木组 E_{1-2}
古新统 E_1 / 池江阶、上湖阶	含石膏亚岩系 E_1	库姆格列木统 E_{1-2}		同来山群 E_1	同来山群 E_1	塔拉克组 E_1		塔拉克组 E_1		塔拉克组 E_1	塔拉克组 E_1	塔拉克组 E_1

实际上,对于地层划分方案的异议很小,但是井下的地层划分比较混乱,主要问题是克拉苏构造带东西两区(指大北地区和克拉地区)分层依据不同,导致两地区的吉迪克组及其以上地层钻井上无法对比,在地震上无法拉通,而且多处与地质图存在矛盾。这一问题主要体现在吉迪克组的划分上,根据正用的分层数据,把吉迪克组底界(地震界面为 T_6)标定在地震上,除个别井外,在克拉苏构造基本上可以追踪并闭合。但是吉迪克组的厚度在大北地区和克拉地区差异较大,吉迪克组的厚度差异直接导致地震上吉迪克组顶界(地震界面为 T_5)无法闭合。大北地区吉迪克组的平均厚度大约 300m,而克拉 2 井地区的平均厚度超过 1000m,如此大的厚度差异无法用库车坳陷区域沉积环境变化来解释,实际上,库车坳陷吉迪克组沉积时期,东西两区的沉积环境差别并不大。因此,库车坳陷中部的地层需要重新划分,达到井震统一,东西一致的结果,建立较为可靠的地层分布格架,便于开展浅层的构造—沉积演化的研究。

二、地层对比划分原则与方法

在现今地层划分方案(表 2-1)的基础上,根据库车坳陷覆盖区地层、井下钻探结果和地震层序特征,分别给库姆格列木群($E_{1-2}km$)、苏维依组($E_{2-3}s$)、吉迪克组(N_1j)、康村组($N_{1-2}k$)、库车组(N_2k)以及第四系西域组(Q_1x)、乌苏群(Q_2)、新疆群(Q_3)、全新统(Q_4)编制了地层代号和地震界面代号(表 2-2)。

表 2-2 库车坳陷新生界地层系统

界	系	统	群(组)	地层代号	底界的地震界面代号
新生界	第四系	全新统		Q_4	
		更新统	新疆群	Q_3	
			乌苏群	Q_2	
			西域组	Q_1x	T_{Q_1x}
	新近系	上新统	库车组	N_2k	T_{N_2k}
			康村组	$N_{1-2}k$	$T_{N_{1-2}k}$
		中新统	吉迪克组	N_1j	T_{N_1j}
	古近系	渐新统	苏维依组	$E_{2-3}s$	$T_{E_{2-3}s}$
		始新统	库姆格列木群	$E_{1-2}km$	$T_{E_{1-2}km}$
		古新统			

本次统层工作的目的是系统划分浅层地层,实现库车坳陷克拉苏构造浅层层位钻井与地震的统一,建立较为可靠的地层分布格架,便于开展浅层的构造—沉积演化的研究,以及方便地质人员进行随钻跟踪。地层划分与对比的原则包括以下五条:

(1)在钻井上岩性与电性有一定的界限;

(2)各套地层的旋回性在平面上的变化有一定的相似性或规律性;

(3)在地震反射上比较清楚,且易于追踪;

(4)实现全区钻井上可对比,地震上可闭合;

(5)解释的地层厚度与野外、钻井、地震和地质图吻合协调。

为解决库车坳陷中部浅层对比划分与对比混乱的问题,根据该区浅层岩性岩相、地层分布特点,采用区域地层综合对比思路,利用有限的古生物标定大致时代、岩性组合与露头相一致、电性特征确定地层界限、地震剖面横向等时追踪的研究思路,综合采用区域地层对比的三种常用方法,即岩石地层学方法、生物地层学方法、地球物理学方法(图2-1)。

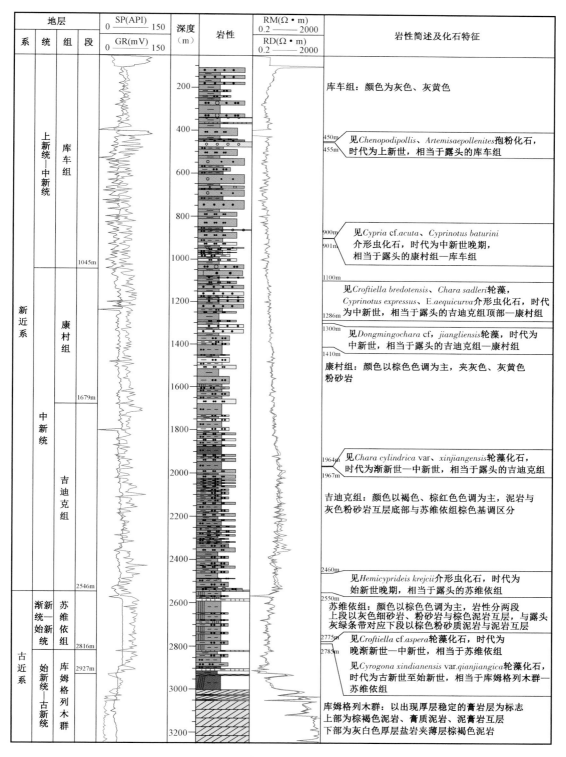

图2-1　大宛1井新生界综合柱状图

首先,利用宝贵的古生物化石资料标定大致地质时代。尽管该区浅层古生物化石相对稀少,但相对远离天山、靠近盆地的地区接受了比较稳定沉积,地层保留了一定的古生物化石组合,这些化石组合能够大致反映地层沉积时代,由于勘探程度较高,钻井较多,部分探井获得了比较系统、可靠的古生物样品,其时代意义与露头剖面古生物样品基本一致。

其次,力求划分地层单位的岩性组合、沉积旋回与露头剖面基本一致。如吉迪克组在克拉苏河剖面为褐红色、绿灰色细砾岩、粗砂岩与黄红色砂质泥岩互层,厚约308.32m,克参1井井下岩性为棕色、棕褐色泥岩、泥质粉砂岩、粉砂质泥岩和紫红色细砂岩、含砾不等砾砂岩、含砾砂岩。在旋回、颜色上井下与地面露头是一致的,所不同的是地面露头靠北略粗。

再者,利用电性特征(自然伽马、电阻率、声波等)确定各组地层准确的界限。尽管库车坳陷岩性岩相变化剧烈,但新近系各组测井曲线宏观特征具有相似性且可对比。第四系沉积时代晚、成岩作用弱,岩石比较疏松,测井曲线最明显的特征是深、浅侧向电阻率曲线呈双轨形正差异。库车组电阻率曲线具有弓形结构,由顶部高值到中部低值,再到底部高值,康村组曲线特征比较平直,不论伽马曲线还是电阻率曲线,宏观上无大的变化。吉迪克组伽马曲线与电阻率曲线呈镜像关系,即顶部伽马较高,电阻率较低,向底部伽马曲线逐渐减小,电阻率逐渐增大,底部为一套粗碎屑沉积,呈低自然伽马高电阻率特征,特征明显,分界清楚。

最后,选取地表构造不发育地区,资料品质较好地震测线,利用可靠钻井分层进行标定,绕过喀桑托开、库姆格列木等地表褶皱,沿克拉苏构造带南部进行追踪。具体做法是利用垂直地震记录(VSP)及合成地震记录,将骨干井对比结果标定在过井的二维、三维地震剖面上,进行追踪和闭合;利用其他井的VSP和合成记录进行地震界面读值,确定这些井的地质界线范围,并在单井综合柱状图上根据沉积旋回特征确定准确的地质界线。以上每一步如果出现问题,要反复调整,直至全区地震界面闭合。从而实现库车坳陷中部地震地质层位的统一。根据上述地震引层后的地质层位与根据岩性组合、测井曲线划分结果基本一致的。

这样划分对比地层划分依据充分,可以达到构造带内分层统一、地震地质层位统一,避免穿时现象较为严重,划分对比方案可在生产中得到较好应用。

三、各层系的划分和对比特征

1. 苏维依组($E_{2-3}s$)

苏维依组建组剖面为巴什基奇克背斜南翼苏维依村南露头,为褐红色砂岩、粉砂岩、泥岩互层,偶夹褐红色、紫红色砾岩,底部有一层0.5m的砾岩,厚316m(张师本,2004)。这套地层在钻井中容易识别,发育底粗上细的正旋回,岩性偏细,主要为棕褐、棕色、紫红色泥岩、膏质泥岩、石膏夹粉砂岩,局部地区见盐岩;电性上高伽马特征明显,电阻率多表现为低阻,苏维依组与上覆吉迪克组和下伏库姆格列木群均为整合接触关系。但是该组的岩性和电性均与上覆吉迪克组存在明显差异,此分层界线的识别较为容易(图2-2)。

2. 吉迪克组(N_1j)

吉迪克组在建组剖面(库车县吉迪克背斜南)厚达743.98m(张师本,2004),下部以浅棕红、褐红色泥岩、粉砂质泥岩为主,夹砂岩、砾岩及石膏;上部为棕红色与灰绿色粉砂质泥岩、泥岩夹粉砂岩、砂岩组或杂色条带,含盐及石膏脉。吉迪克组与上覆康村组和下伏苏维依组均为整合接触关系(图2-3)。

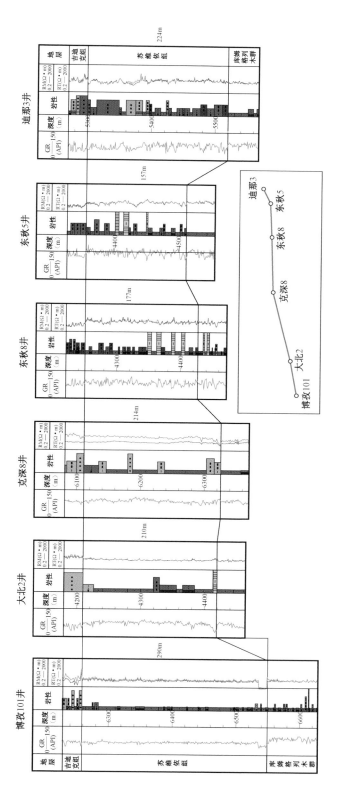

图2-2 库车坳陷苏维依组东西向地层对比图

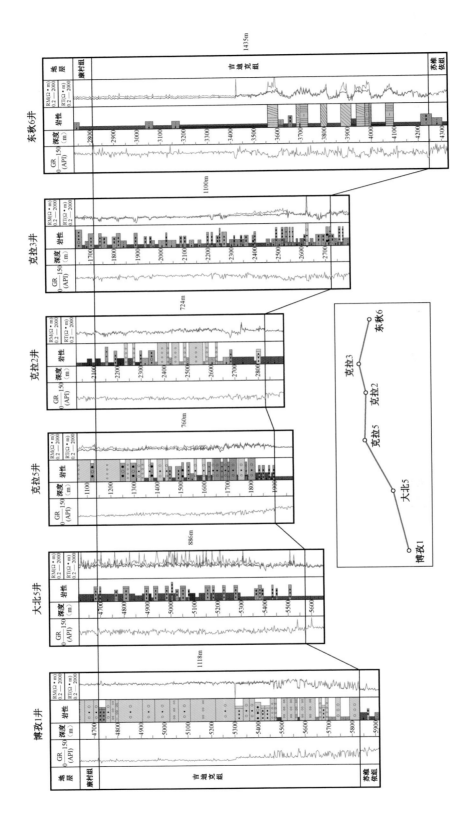

图2-3 库车坳陷吉迪克组东西向地层对比图

通过对比 5 条野外剖面,包括北部的阿瓦特河剖面、卡普沙良河剖面和克拉苏河剖面,南部的西盐水沟剖面和库车河克孜勒努尔沟剖面,发现吉迪克组在库车坳陷北部较粗、较薄,发育黄红色、黄灰色砾岩、砂岩与泥岩互层,岩性较上覆层细、较下伏层粗,厚度 300～460m。南部粒度较细、厚度较厚,以综红色砂岩和泥岩互层为主,厚度 720～910m。无论在北部还是南部,可以发现吉迪克组自下而上发育粗—细—粗—细的旋回,自西向东逐渐变粗,厚度逐渐变薄。

井上钻遇的吉迪克组在大北和克拉地区特点不同,大北地区底部发育一组薄层粉砂岩,向上为棕红—褐红色泥岩夹泥质粉砂岩,再向上为褐色泥岩与泥质粉砂岩互层,顶部为褐色泥岩夹泥质粉砂岩,与野外粗—细—粗—细的沉积旋回吻合。克拉地区底部发育底砂岩,向上变细为褐色泥岩夹粉砂岩,再向上变粗为杂色细砾岩和褐色泥岩互层,顶部为一套泥岩夹粉砂岩。底砂岩在克拉地区发育,向东变粗,至吐格尔明剖面过渡为底砾岩,向西至大北地区底砂岩逐渐变细至粉砂岩,甚至消失。吉迪克组电性特征为锯齿状漏斗形中高伽马,高幅电位,高幅锯齿状高阻中等幅差。

吉迪克组与苏维依组的界线 T_6 容易识别。吉迪克组中下部电性特征总的表现为上部高阻、下部明显下降一台阶,形成高阻—较低阻的电性特征,下伏苏维依组电阻率曲线与之相比又下降一台阶,吉迪克组底界即划在第二台阶处。然而这种特征在克拉地区明显,大北地区不明显。以克拉 2 井为代表,主要特征为上部高阻,随后下降形成一个低值宽深槽,向下电阻率上升后又形成一个降低台阶,即为分层界线,于界线处电阻陡然下降相应的伽马曲线则明显上升。大北地区如大北 101 井,这种电阻率台阶的趋势存在,但幅度不大,伽马突然增高的特征比较明显。

吉迪克组与康村组多为连续沉积,但是从上述 5 条野外露头发现,吉迪克组细—粗—细旋回结束后进入康村组后出现一套较粗的岩性。在大北地区表现为一套厚约 30m 的灰色粉砂岩,同时出现灰色泥岩,克拉地区则为杂色细砾岩或者含砾砂岩。这种特征在大北 101井和克拉 2 井也可以用电性对比,电阻率增高、伽马曲线从锯齿状向上变成微齿化平直曲线。

整体上,吉迪克组在大北地区的岩性比克拉地区细;且底砂岩不如克拉地区发育;因此旋回性也不如克拉地区典型,厚度比克拉地区大(与野外露头的大趋势一致),但总体上厚度比较稳定。

3. 康村组($N_{1-2}k$)

康村组在建组剖面(库车县吉迪克背斜南翼剖面)上,康村组下部是灰色砂岩与褐色泥岩互层,夹灰绿色粉砂岩、砂质泥岩条带,上部为灰褐色粉砂岩,厚 322m(张师本,2004)。康村组与上覆库车组和下伏吉迪克组均为整合接触关系(图 2 - 4)。

康村组的岩性变化更大,在库车坳陷岩性由北向南逐渐变细。在北部露头为红色砂砾岩,厚度 400～640m;向南变细变厚,为褐红色砂岩和同色泥岩互层,其下部局部夹灰绿色粉砂岩、泥岩条带,克孜勒努尔沟以东岩性变细最大厚度可达 1500m。康村组西粗东细(与吉迪克相反),说明康村组沉积时期物源来自西部和北部,与吉迪克组相反,且盆地范围变小,平面上岩性岩相变化快。

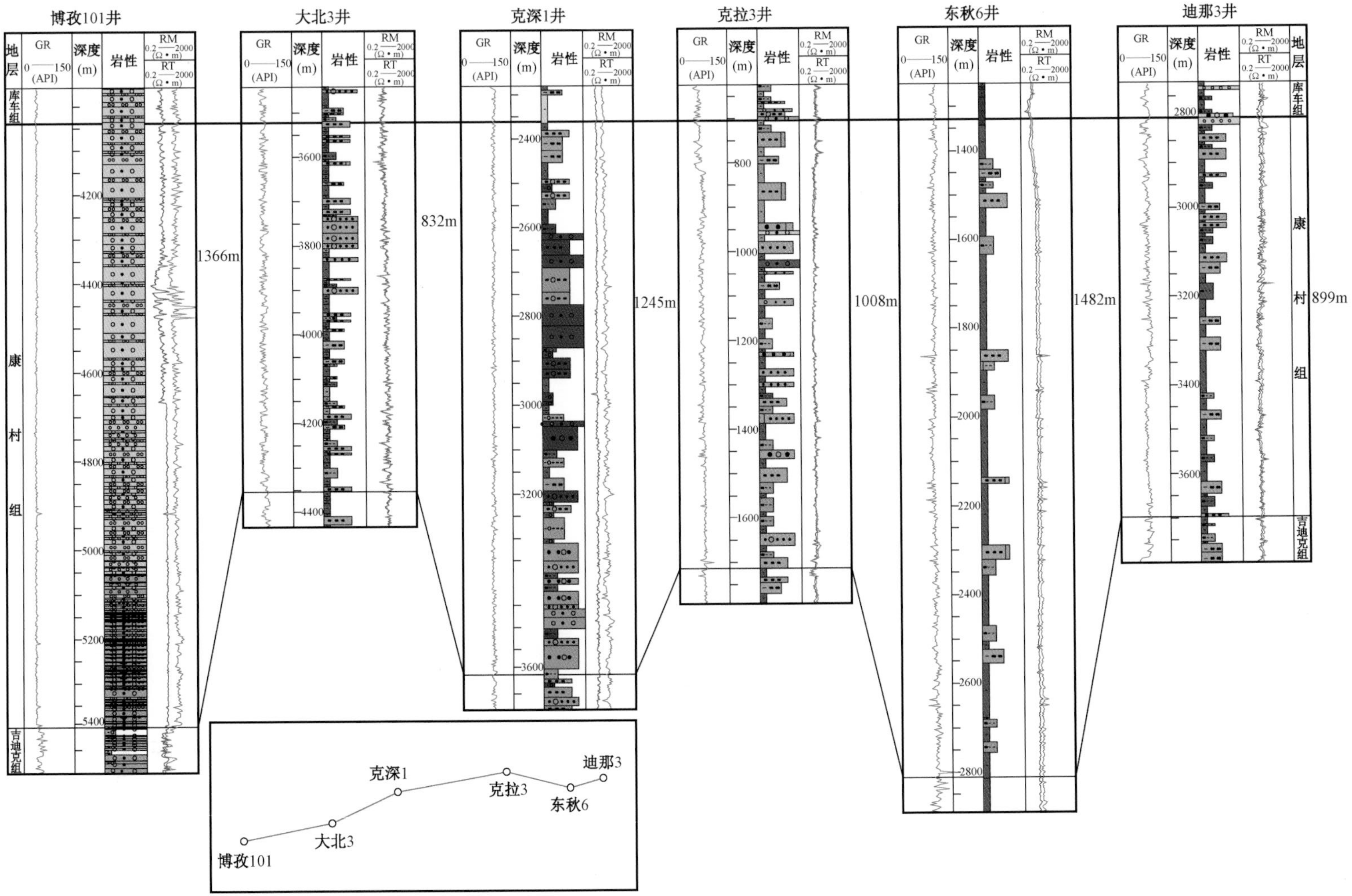

图2-4 库车坳陷康村组东西向地层对比图

井上钻遇的康村组与露头特征相似,偏北的井发育黄红色砾岩夹砂岩,南部的井多以滨浅湖相褐色、灰色泥岩和灰色砂岩、粉砂岩互层为主,大北地区还发育杂色细砾岩和灰色含砾砂岩。康村组电性特征为微齿化较平直的中低伽马曲线,微齿状中高电阻率、小幅差。康村组的旋回较为复杂,在近源区(坳陷西部和北部)以反旋回或正—反旋回为主,而在远源区(坳陷南部和东部)发育两个正旋回,在中等物源区(如大北地区)旋回性不明显。

康村组与下伏吉迪克为连续沉积,界线不十分明显,但整体粒度较吉迪克组颜色略浅,粒度略粗,底界以出现厚层粗砂岩为标志;泥岩颜色变为褐红或灰色。而康村组旋回结束即进入库车组,地层颜色发生了较大改变,主要由康村组的褐红色、灰色向上过渡为库车组的灰色、黄色,而且库车组比康村组粗,砾石发育,库车组底部也普遍发育一套含砾砂岩,不过这两套地层在钻井上靠岩性较难区分,必须结合地震才容易对比。

4. 库车组(N$_2$k)

库车组分布广泛,岩性变化大,总体呈由北至南岩性逐渐变细的变化趋势。北部为黄灰色砾岩沉积,厚度280~1300m,往南至克拉苏构造带为灰、黄色砂岩、粉砂质泥岩与杂色砾岩、砂砾岩互层,厚度1790~2700m(图2-5)。

库车组下部发育正旋回,上部发育反旋回,整体上表现为粗—细—粗的弓形旋回,电性特征为钟形或指状的低伽马、低幅电位,指状平直的低电阻曲线。因各区存在沉积与剥蚀差异的原因,平面上厚度变化大。大北地区库车组保存较多,且厚度大。大北地区的库车组下部发育灰、灰绿色粉砂岩和泥岩互层,向上出现褐色、黄色、灰色泥岩夹粉砂岩,顶部变为砂砾岩与黄灰、褐灰色泥岩、粉砂质泥岩、泥质粉砂岩不等厚互层。而克拉地区的库车组略细,受到不同程度的剥蚀。克拉3井以西主要为褐色、灰褐色、褐黄色泥岩与细砂岩、杂色砾岩互层。克拉3井以东及南部地区以黄灰色、浅灰色、褐灰色、灰褐色泥岩、粉砂质泥岩与灰色砂岩、含砾不等粒砂岩、砾岩为主的不等厚互层。克拉地区北部库车组受到剥蚀较多,地表(地质图)上库车组出露范围也较广,厚度1000~1500m,旋回不明显,说明库车沉积结束后克拉地区抬升幅度比大北地区大。

库车组较下伏康村组进一步变粗(但南部地区这一特征较弱),砂岩和砾岩更发育,颜色以灰、灰黄色为主,容易与康村组褐红色砂岩区分。库车组顶部与第四系存在不整合,岩性明显变粗,颜色变化也较大,为灰白色或杂色,进入第四系后见一大套厚层连续的砾石层,或者砾石层夹层。

5. 第四系(Q)

新构造运动之后,库车凹陷抬升剥蚀,广泛发育第四系,露头区更新统新疆群(Q$_3$)、乌苏群(Q$_2$)、西域组(Q$_1$x)及全新统(Q$_4$)均发育,但钻井中多发育Q$_1$x和Q$_{3-4}$。

西域组分布极广泛,几乎所有背斜的两翼和向斜的核部(多被覆盖)均有分布,常形成垄岗状丘陵。主要岩性为灰色、浅褐色厚层状砾岩,砾岩中砾石成分比库车组复杂,以变质岩、火成岩、石英及变质灰岩为主,砾径为3~5cm,最大可达20~30cm,甚至1m以上,砾石磨圆较好,分选性差,泥钙质胶结,较坚硬;偶见粉砂岩透镜体。西域组一般厚50~600m,局部达1366m。该组与下伏地层普遍为超覆角度不整合,局部与上新统为连续沉积(张师本,2004)。

Q$_{3-4}$为现代冲积扇—冲积平原沉积,其分布与目前地质图分布较吻合,山前为一套连续的砾石层,主要为杂色卵石、漂砾、砾石、砂等混杂堆积(贾承造,2004)。

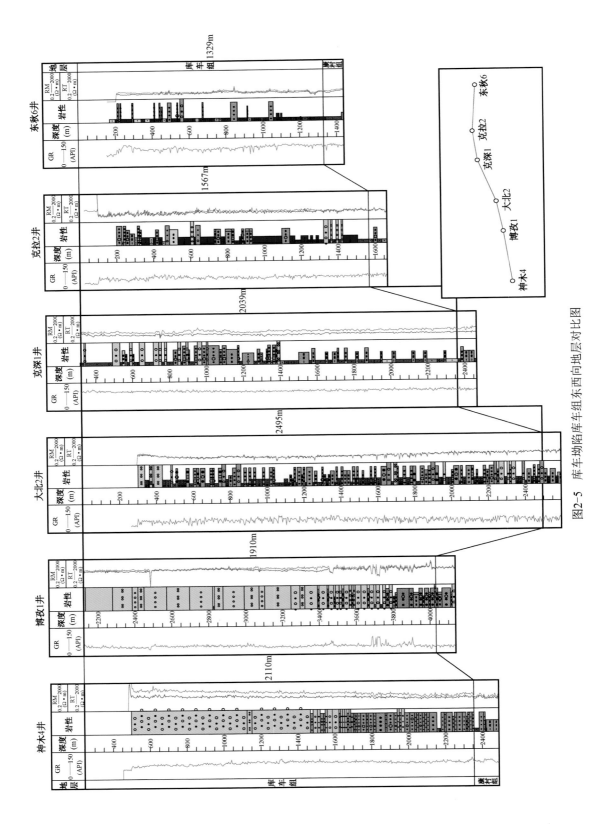

图2-5 库车坳陷库车组东西向地层对比图

根据井上对比显示,第四系在北部靠近克拉苏构造带位置多为连续的杂色砾岩沉积(吐北4井和大北6井),向南为杂色细砾岩夹黄色或褐色泥岩(克深1井和克深7井)。第四系的分布受古地貌影响很大,分布局限性强,厚度差异大,与下伏地层相比,电性上多为高阻,高达几百至上千欧姆·米,而且电阻率曲线幅差明显,幅差消失处即与下伏库车组的界线。

根据新的划分结果,吉迪克组厚度较稳定,在大北和克深地区厚度变化小,大北地区厚度平均为800m,克深地区厚度平均为650m。大北地区厚度比克拉地区大,岩性比克拉地区细,底部发育底砂岩,岩性以褐红色泥岩、粉砂质泥岩、粉砂岩为主。康村组与吉迪克组厚度和范围差异不大,向东延伸至库车河地区,岩性以褐灰、灰褐色泥岩、粉砂岩夹砂砾岩、小砾岩为主,灰色细砂岩、褐灰色泥质粉砂岩与褐色泥岩互层。地层由西向东具有粒度变小的规律。康村组在大北地区厚度稳定,在克深地区则表现为从北向南逐渐变厚、粒度变小的趋势。库车组厚度和岩性变化较大,以灰色砂岩、粉砂质泥岩和杂色砾岩为主,大北地区自西向东厚度变小、粒度变细,由北向南粒度变细、厚度变小,而克拉地区厚度较为稳定,粒度向东和向南方向逐渐变细、泥岩增多。第四系以杂色厚层砾岩为主,由于受到构造抬升剥蚀的作用,厚度差异大,大北地区第四系厚度向东逐渐增大,克深地区第四系被大面积剥蚀(图2-2至图2-6)。

四、各层系的地震层序特征

将野外露头和钻井对比结果,分别利用VSP和合成记录标定到地震剖面上,然后进行追踪,实现了全区地震层序上的统一(图2-7)。

1. T_6 及吉迪克组层序

吉迪克组底界(T_6)在大北地区为强轴,克拉地区为强轴低一个相位。这种反射特征差异与吉迪克组底砂岩的发育程度有关,大北地区不发育底砂岩,吉迪克组下部岩性稳定,和苏维依组之间的 T_6 即为一强轴。而克拉地区吉迪克组下部普遍是向下变细后发育底砂岩,因此变细的岩性形成一强轴,真正的 T_6 即为底砂岩与下部苏维依组形成的弱轴。

在地震剖面上,大北地区吉迪克组层序为中高频、中薄层、较连续反射,在克拉地区吉迪克组层序为低频、中厚层、连续、空白反射。整个吉迪克组层序在地震上分布比较稳定,地震轴变化较小,东西向不发育强烈发散或者收敛的特征,只是南北向变化较大,这一特征符合前面介绍的地层粒度和厚度的宏观分布规律。

2. T_5 及康村组层序

康村组底界(T_5)在地震剖面上为一强轴,上下两套地层的波组特征差异明显。上部康村组层序在大北地区和克拉地区也不一样。在大北地区康村组为一套中—低频、中—厚层较连续反射,而在克拉地区康村组为一套高频、薄层较连续反射,上部连续性好。与下部吉迪克组层序一样,整套地层的厚度变化在东西向也比较稳定,南北向差异大,与宏观上康村组厚度和粒度的变化一致。

3. T_3 及库车组层序

库车组底界(T_3)在地震剖面上表现为康村组最后一个强轴的顶部反射。T_3 之下的康村组层序多发育连续性好的强轴,而之上的库车组层序反射特征就比较复杂,在北部山前表现为低频杂乱反射,在克拉地区受到剥蚀严重,反射为中低振幅、低频、断续反射,在大北地区以及南部拜城凹陷内表现为一套高频、薄层、变振幅、断续反射。库车组层序的厚度在横向上变化较大,局部发育收敛或发散的反射轴。

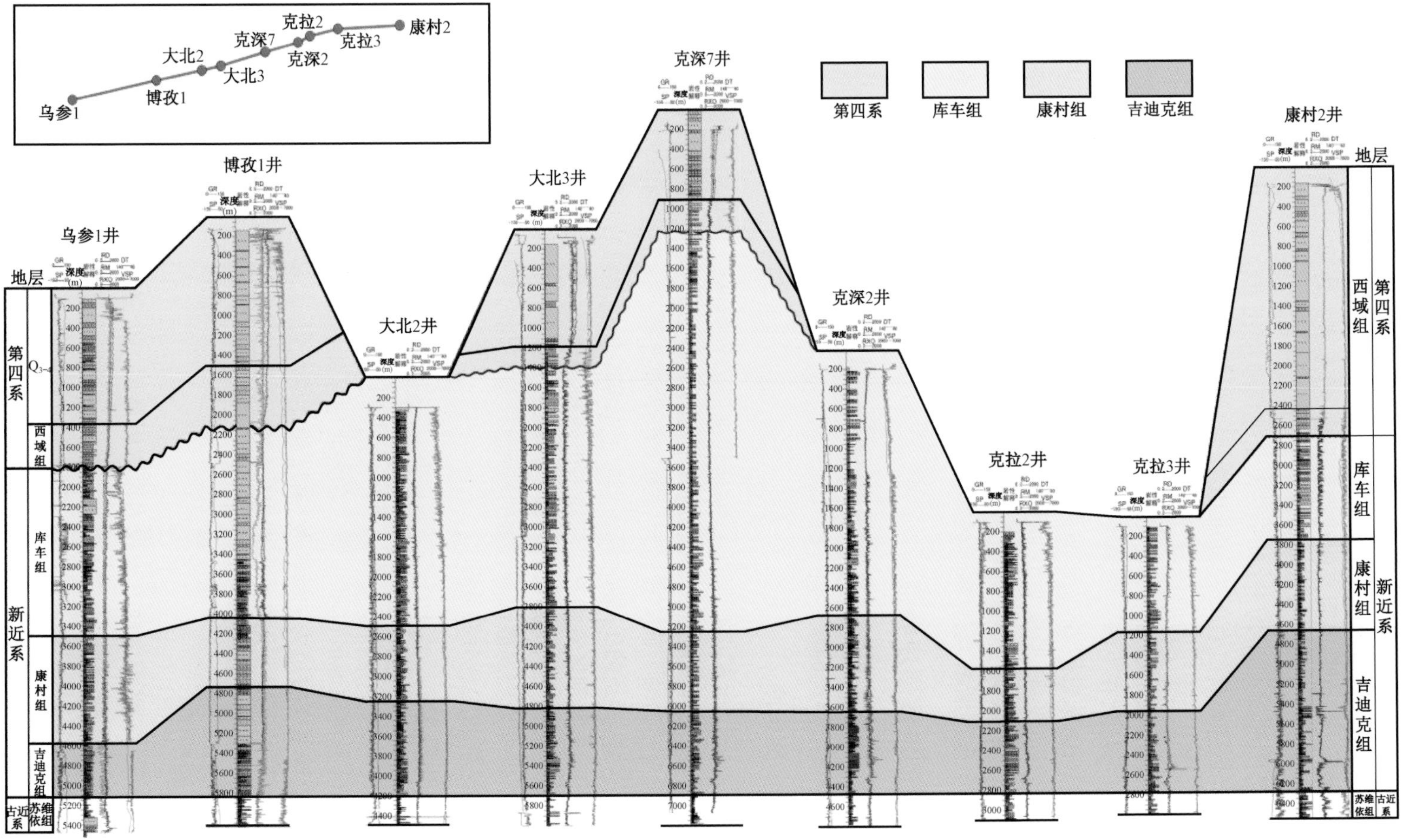

图2-6　库车坳陷东西向新生界对比图

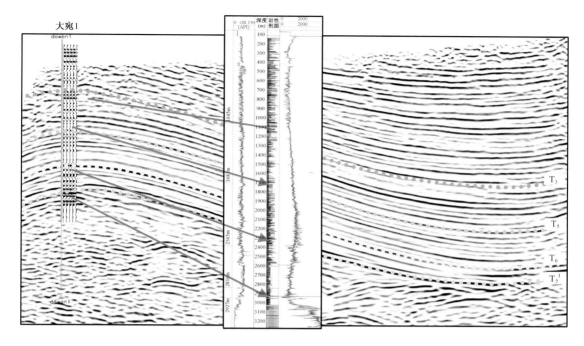

图 2-7 各层系 VSP 和合成记录标定结果

4. T₂ 及第四系层序

第四系底界(T_2)为不整合,在不同部位表现不同。拜城凹陷内部表现为强轴,局部见削截和下超终止关系;凹陷边部表现为强烈不整合、无轴,杂乱反射直接削蚀下伏库车组层序。第四系层序在凹陷边部为杂乱反射,常常呈楔形,向凹陷内部过渡为连续反射。

第二节 各层系砾岩层岩石学特征

库车坳陷砾岩层分布层系广、厚度大、沉积类型多。砾石层具有同期异相和同相异期的特点,按照地层时代划分期次,相同期次内砾石层还可能发育在不同相带,各相带内的砾石层特征和分布差异较大。

库车坳陷的砾石大小范围很广,从漂砾(>1m)到小砾(<5mm)都有发育,按照本次的划分标准(表 2-3)来看,本区砾石以中—细砾为主。

表 2-3 库车坳陷砾石大小划分标准

砾石级别	粒度大小
巨砾	>1000mm
粗砾	100 ~ 1000mm
中砾	10 ~ 100mm
细砾	5 ~ 10mm
小砾	1 ~ 5mm

一、吉迪克组砾岩层岩石学特征

吉迪克组的岩性发育规律为自北向南变细、自西向东变粗。在南部地区的吉迪克组较细,以棕褐色与灰色、灰绿色泥岩、膏质泥岩为主夹浅灰色粉砂岩,石膏、盐岩发育。砾岩层仅发育在北部地区,在山前北部单斜带发育细砾岩和泥岩互层,东部库车河地区底部发育底砾岩(图2-8),向上为棕色、灰色细砂岩夹小砾岩、细砾岩,见平行层理。唯一见到较大规模砾岩的是博孜1井地区,通过岩心可以观察到该井区吉迪克组以中砾岩为主,夹少数粗砾砾石(图2-9)。

图2-8　库车河剖面巴什基奇克背斜北翼吉迪克组底部砾岩层特征

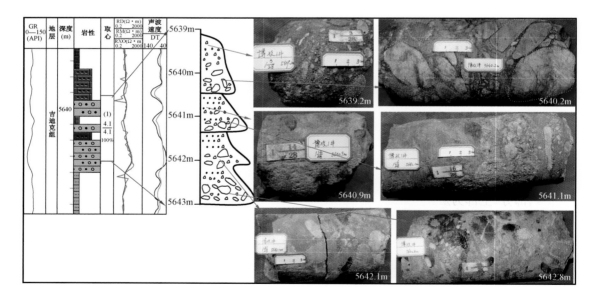

图2-9　博孜1井吉迪克组砾岩层特征

吉迪克组砾岩成分较为简单,以石英岩、白云岩和石灰岩为主。成分分布具有分区的特征:博孜地区主要成分为石灰岩、白云岩、石英岩和砾岩,以石灰岩为主;大北地区成分较为少,以石灰岩和白云岩为主;克参1井地区,砾石成分较多,燧石、千枚岩和石灰岩含量较少,以石英岩含量最多,占到了70%;克深1井地区,成分单一,以石英岩和石灰岩为主。

二、康村组砾岩层岩石学特征

康村组岩性普遍为褐灰、灰褐色泥岩、粉砂岩夹砂砾岩、小砾岩,东部岩性较细,并见含膏泥岩沉积。在大北102井北部吐孜玛扎背斜北翼,康村组岩性为红色泥岩夹小—中砾岩,大量深灰—灰黑色石灰岩砾石,具有反韵律特征(图2-10)。南部西盐水沟剖面康村组为红色厚层块状粉砂质泥岩夹薄层砂岩、含砾砂岩,砾石含量很少。

(a)康村组反韵律砾岩层   (b)康村组中砾岩

图2-10 库车坳陷吐孜玛扎背斜北翼剖面康村组砾岩层特征

康村组砾石成分与吉迪克组相似,成分较为简单,博孜地区主要成分为石灰岩、白云岩、闪长岩、石英岩和砾岩,以石灰岩为主。大北地区成分较吉迪克组复杂,且出现了南北地区成分差异,吐北4井出现了少量的变质岩,以石灰岩和白云岩为主;南部大北6井地区,砾石成分以白云岩、石灰岩和石英岩为主。克参1井地区,砾石成分较多,燧石、千枚岩和石灰岩含量较少,以石英岩含量最多,占到了70%。克深1井地区,成分单一,以石英岩和石灰岩为主。

三、库车组砾岩层岩石学特征

库车组岩性变化大,在北部天山山前单斜构造带上主要为灰褐色砾岩;往南到直线褶皱带南部变为灰色、棕灰色砂岩、粉砂岩与砾岩互层。由北向南有逐渐变细的趋势。依据岩性可分为上下两部分,上部为灰褐色泥岩与砂岩互层夹砾岩,下部为灰褐色泥岩与砂岩互层,总的来看有上粗下细的特点。

拜城凹陷以北,在大北102井北部吐孜玛扎背斜北翼剖面,库车组为褐色泥岩与砂岩互层,夹砾石层(图2-11);在库车河吉迪克背斜北翼剖面,库车组为灰色砂岩与砾石层互层组成的正韵律构成了反旋回。可见库车北部地区的库车组夹有一些中砾岩、细砾岩层(图2-12)。而拜城凹陷以南地区,库车组变细。东盐水沟剖面,库车组为粉细砂岩和泥岩、泥质粉砂岩互层;西盐水沟剖面库车组上部发育灰色、杂色含中砾的细砾岩、灰黄色砂岩、泥质粉砂岩、粉砂质泥岩组成的正韵律,下部为厚层砂岩和泥岩互层,偶夹砾岩层。

库车组砾石成分较为复杂,具有成分种类多,不同地区成分差异大的特征。博孜地区北部成分最为复杂,火成岩、沉积岩和变质岩均有,且不同成分的砾石百分含量相差不大。博孜南部地区,砾石成分主要以火成岩和变质岩为主。吐北4井地区砾石成分以石英岩、千枚岩、白

(a)库车组上部中厚层砾岩层　　　　　　　　　　　(b)库车组上部砾岩层砾石特征

图2-11　库车坳陷吐孜玛扎背斜北翼剖面库车组砾岩层特征

(a)库车组下部砾岩层与砂岩互层　　　　　　　　　　(b)库车组下部砾岩层砾石特征

图2-12　库车坳陷库车河吉迪克背斜北翼剖面库车组砾岩层特征

云岩、石灰岩、火山角砾岩和安山岩为主,大北6井以白云岩含量最高,克深地区以石英岩和石灰岩为主,康村2井地区砾石主要成分为石英岩和石灰岩。

四、第四系砾岩层岩石学特征

本区第四系沉积物包括西域组(Q_1x)和全新统(Q_{3-4})两套,均为砂砾岩,其中西域组的砾岩胶结致密,全新统砾岩胶结疏松。两套层系的砾岩在全区分布存在差异,粒度在各个地区也不一样。

西域组主要岩性为灰色、浅褐色厚层状砾岩,岩性整体向南偏细。在博孜地区山前和卡普沙良河河口发育中砾岩、粗砾岩(图2-13),大宛齐北部和克拉苏构造带一般是细砾岩、中砾岩,在秋里塔格构造带南侧为小砾岩、细砾岩(图2-14)。

西域组砾石成分复杂,博孜地区火成岩含量较高,其中又以安山岩和花岗岩为主。吐北4井和大北6井地区砾石成分复杂、种类多,但含量差异不大,以火成岩和沉积岩为主。克深地区以石英岩为主。康村地区砾石成分复杂,以石灰岩和石英岩最多。

全新统主要为现代冲积扇,北部山区发育山间河道,砾石较大,都是粗砾岩,甚至有巨砾

(a)卡普沙良河河口上部的西域组砾岩层

(b)卡普沙良河河口西域组粗砾岩

图 2 - 13　库车坳陷卡普沙良河剖面西域组砾岩层特征

(a)吐孜玛扎背斜北翼砾岩层

(b)吐孜玛扎背斜南翼砾岩层

图 2 - 14　库车坳陷吐孜玛扎背斜剖面西域组砾岩层特征

岩。在拜城凹陷博孜现代扇扇中发育中、粗砾岩(图 2 - 15)。而克深 7 地区现代扇除了河口部位为粗砾岩,扇中到扇端普遍为中砾岩(图 2 - 16)。

(a)博孜现代冲积扇南部砾岩层砾石

(b)博孜现代冲积扇北部砾岩层砾石

图 2 - 15　库车坳陷博孜地区 Q_{3-4} 现代冲积扇砾岩层特征

(a)克拉苏河河口砾岩层砾石　　　　　　　　　　(b)克拉苏河扇中砾岩层砾石

图 2 – 16　库车坳陷克拉苏河 Q_{3-4} 现代冲积扇砾岩层

Q_{3-4} 砾石成分主要有三个差异区,博孜地区砾石成分与西域组类似,主要为变质岩和火成岩。大北地区砾石成分主要为石英岩、花岗岩、石灰岩、白云岩和砂岩。克深地区砾石成分复杂,火成岩、沉积岩和变质岩含量相当。

第三章　砾石层识别与刻画

第一节　砾岩识别关键技术

一、研究难点

（1）浅层未作分层，大部分井都只划分到了库车组，而上部的第四系未进行划分，同时浅层缺少岩屑录井资料或资料品质较差（图3-1），这些都为浅层砾岩研究带来了困难。

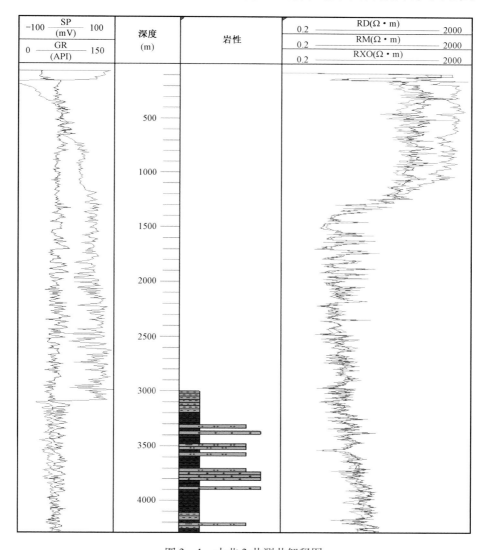

图 3-1　大北 3 井测井解释图

(2)地震资料品质较差,部分地震数据采集不全,地震反射特征不明显。

通过对地震剖面进行分析,发现在砾岩层发育的井段发育了三种地震反射类型:弱中振弱连前积杂乱反射、中强振弱连楔状断续反射和中强振中连平行连续反射。且这三种类型在整个坳陷的砾石发育区都存在,所以砾岩层的地震反射特征比较复杂多变。另外,由于浅层地震资料品质较差,而且很多层系的砾岩层是相互叠加且继承性发育,因此地震相特征仅能反映砾岩层发育的宏观面貌,无法准确地区分砾岩层的沉积期次。所以若想获得详细的砾岩层发育特征,必须利用其他技术手段进一步对地震资料的属性或其他参数进行分析。

二、技术对策

前陆盆地砾岩体识别与预测技术是由塔里木油田公司勘探开发研究院 2009—2013 年创建的专项技术。技术核心是基于现代冲积扇沉积与年代地层学理论,利用三维重磁电与地震资料进行联合反演,有效识别和预测巨厚砾石层岩性、岩相及空间展布,从而为复杂区地震速度建场、地震处理、圈闭落实与井位优选、工程决策提供依据。以沉积学、岩石学、构造地质学和地球物理理论为指导,通过对野外露头、岩心、钻井、测井、地震与非地震的综合研究,搞清库车坳陷新生界冲积扇砾岩体的发育期次和类型;明确不同期次不同类型砾岩体内部砾石成分、粒度变化、微相划分和砾岩体空间展布;确定不同期次不同类型砾岩体的空间叠置关系;构建库车坳陷浅层砾岩层的分布模式和速度变化特征。

首先,井震结合进行统一的地层划分对比,建立较为可靠的地层分层方案;在此基础上利用测井、地震与非地震资料,建立砾岩体的井震响应模式;第三步,划分砾岩体沉积期次,分析不同期次砾岩体成因类型、砾石成分和粒度特征,进行内部相带划分;进而分析砾岩的沉积环境、沉积序列,建立砾岩的沉积模式,分析构造变形部位、时期和强度对砾岩厚度变化的影响;最终搞清不同期次砾岩体的分布范围、空间展布和速度变化(图 3 - 2)。

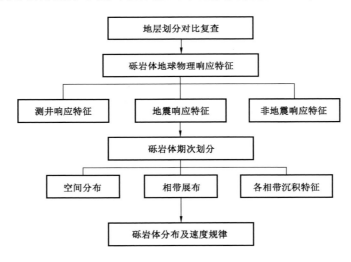

图 3 - 2　库车坳陷新生界砾岩层分布规律研究的技术路线

用于前陆盆地巨厚砾岩体识别与预测的方法,含有以下步骤:

(1)步骤 1:确定砾石层电性特征。

第一步,选取典型井,读取不同砾石层测井自然伽马、电阻率值、声波值;第二步,根据读取的测井曲线值,做交会图,分别做 GR/(GR - RD)、DT/(RD - RM)交会图;第三步,根据交会图,读取各层系砾石层自然伽马、深浅电阻率、声波值区间。

（2）步骤2：确定砾石层地震层位与地震相特征。

第一步,钻井砾岩地质分层,通过合成记录,标定在地震上;第二步,对砾岩层位进行解释,横向追踪,确定含砾地层的分布范围;第三步,确定各种砾石层地震反射特征(振幅、频率、连续性、地震反射内部结构和外部形态等)。

（3）步骤3：电法剖面与地震深度剖面叠合。

第一步,三维重磁电资料常规处理,得到电阻率数据体;第二步,电法剖面与地震深度域资料叠合,以解释好的地震深度域资料为背景,将相同位置的电阻率剖面处理为透明色,直接叠加在地震剖面上,叠合剖面同时具有电阻率值、地震相参数、地质层位信息,可直接进行砾岩岩相岩性解释。

（4）步骤4：砾石层岩性岩相空间识别。

第一步,砾岩岩性解释,根据叠合剖面上电阻率值解释岩性;第二步,岩相解释,根据叠合剖面地震相参数再结合岩性解释成果完成岩相解释;第三步,选取一定间隔主测线与联络线,逐一进行解释,做成栅状图,即可反映砾岩层的空间分布;第四步,根据资料情况适当加密叠合剖面解释,得到每一地质层位砾岩厚度与岩相分布,编制砾岩厚度图与沉积相平面图。

第二节　砾岩岩性精细解释

根据岩性解释和岩性归位两个内容对钻井进行分类。针对第一类已经有录井岩性的钻井井段,主要进行岩性的校正和归位;而针对第二类只有测井没有录井岩性的钻井井段,主要进行岩性解释。

首先,利用成像测井和井壁取心对比图版,发现已有浅层部分录井的岩性粒度偏小,因此根据对应的常规测井曲线特征进行岩性校正(图3-3),同时依靠伽马和电阻率曲线对剩余岩性进行薄层合并和归位。

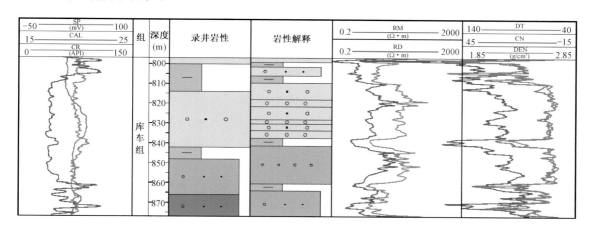

图3-3　大北6井岩性校正和归位

其次,针对没有录井的岩性解释井段,先利用常规测井曲线进行砂岩、泥岩和砾岩的初步识别和划分,然后结合不同层系的岩性序列组合和电性曲线形态特征,对初步解释方案进行人工干预,修改岩性序列,合并薄层(图3-4)。

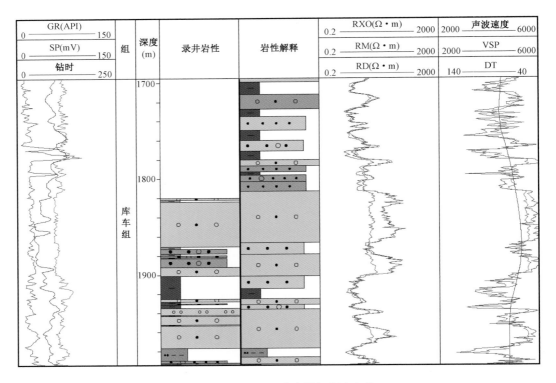

图 3 - 4 大北 104 井岩性解释和归位

一、测井响应特征

浅层砾岩层不同岩性的测井特征详述如下。

1. 砾岩成像测井标定与识别

井壁成像测井具有不同于常规测井的地质响应模式,而且能够提供直观的井下地层岩石物理图像,可应用于地层识别、构造分析、沉积相研究、储层评价研究等多个方面。

砾岩主要由粗大的碎屑颗粒组成,电阻率较高,在 FMI 成像测井图像中特征显示明显,表现为亮色的斑点或斑块状,与周围介质在颜色上差别明显。砾石在成像图上的形状视其圆度而定,磨圆较好的砾石呈圆形或卵圆形斑状,磨圆较差的砾石则呈不规则棱角状;亮斑大小存在差异近似地反映了砾石的粒径大小,亮斑之间的暗色显示为粒间充填的基质,一般电阻率较低(图 3 - 5)。库车坳陷中部浅层粗砾、巨砾岩不发育,主要发育粗砾岩以下的岩性,由于 FMI 成像测井的纵向和横向(绕井壁方向)分辨率均为 5mm,在成像图上能够识别砂砾岩中直径大于 5mm 砾石的粒度和形状(图 3 - 6)。小砾岩、砂岩和泥岩直径均小于 5mm,在 FMI 成像图上不能分辨出颗粒大小。

大北 6 井在浅层钻进时,不仅录取了岩屑,且进行了井壁取心,两者结合归位后,可以对 FMI 井壁成像显示的直观岩性进行标定(图 3 - 5),参考 ECS 元素俘获测井,可以对大北 6 井岩性进行精细解释,由此理清浅层砾岩层不同岩性的 FMI 井壁成像特征(图 3 - 6)。

2. 中砾岩测井特征

中砾岩主要发育在第四系西域组,以砾径大于 10mm 的砾石为主,同时发育一些砾径在

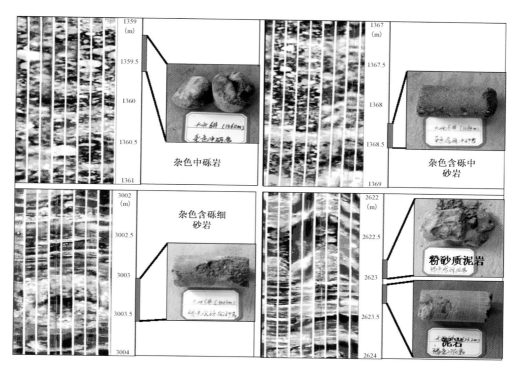

图 3 - 5　大北 6 井井壁取心归位后标定 FMI 井壁成像

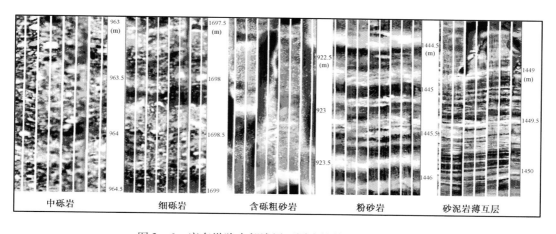

图 3 - 6　库车坳陷中部浅层不同岩性特征的成像测井

5mm 以上的细砾岩导致砾岩层分选系数较小。由于砾岩电阻率较高,在 FMI 成像静态图上整体颜色较亮,胶结物相对砾石明显呈暗色,在 FMI 成像动态图上显示椭圆形或不规则状、颗粒较大且百分比占比较高的亮斑,同时发育一些小亮斑的细砾岩,亮斑砾石颗粒之间为暗色胶结物胶结;中砾岩 GR 值较低,一般在 50 ~ 60API,GR 曲线平直;深浅电阻率表现为正差异,均表现为中高值,深电阻率一般在 65 ~ 70Ω · m,浅电阻率一般在 19 ~ 26Ω · m;DT 值主要集中在 64 ~ 72μs/ft;浅层中砾岩较疏松,中子测井 CNC 值一般 10% ~ 13%;密度值较高,一般在 2.56 ~ 2.61g/cm³(图 3 - 7)。

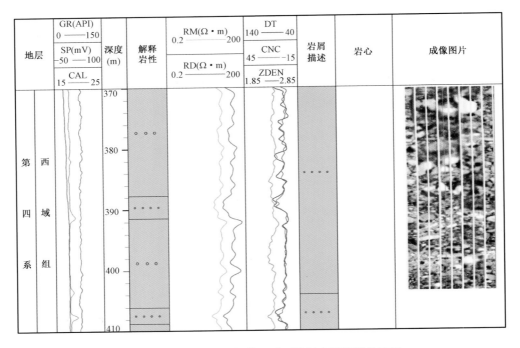

地层		GR(API) 0 ——— 150 SP(mV) -50 ——— 100 CAL 15 ——— 25	深度 (m)	解释 岩性	RM(Ω·m) 0.2 ——— 200 RD(Ω·m) 0.2 ——— 200	DT 140 ——— 40 CNC 45 ——— -15 ZDEN 1.85 ——— 2.85	岩屑 描述	岩心	成像图片
第四系	西域组		370 380 390 400 410						

图 3 - 7　库车坳陷中部第四系西域组中砾岩测井特征

3. 细砾岩测井特征

细砾岩主要发育在新近系库车组上部及下部地层,第四系西域组局部也发育细砾岩。以砾径为 5 ~ 10mm 的砾石为主,由于分选性较中砾岩好,电阻率较高,在 FMI 成像静态图上整体颜色较亮,胶结物相对砾石明显呈暗色,在 FMI 成像动态图上显示不规则状、颗粒较小且百分比占比较高的小亮斑状,小亮斑砾石之间为暗色胶结物胶结,局部发育暗色条纹状的薄层泥岩、亮斑较大的中砾岩。由于第四系西域组及新近系库车组上部地层细砾岩段压实程度低导致岩石较为疏松,新近系库车组下部细砾岩受上覆地层压实作用影响而较为致密,虽然在 FMI 成像动态图上两者特征基本一致,但在 FMI 成像静态图上第四系西域组及新近系库车组上部细砾岩段较新近系库车组下部西砾岩段整体颜色暗。细砾岩 GR 值较低,一般在 65 ~ 70API,GR 曲线较平直;深浅电阻率表现为正差异,呈齿状,深电阻率一般在 23 ~ 37Ω·m,浅电阻率一般在 14 ~ 17Ω·m;DT 值主要集中在 57 ~ 65μs/ft;浅层细砾岩较疏松,中子 CNC 值一般 7% ~ 11%;密度值较高,一般在 2.60 ~ 2.65g/cm³(图 3 - 8)。

4. 小砾岩、砂砾岩测井特征

小砾岩与砂砾岩主要发育在新近系库车组上部及下部地层,砾径均小于 5mm,小砾、砂砾岩和粗砂岩在成像图上显示为浅色—白色的微小点状特征。分选好、粒度均匀的小砾岩(粒径 <5mm)与砂砾岩、粗砂岩在成像测井上均呈黄色—亮色的蜂巢状,指示的岩石电阻率为中—高值。中、细砂岩表现为黄色—亮色块状结构;小砾岩、砂砾岩常规测井曲线特征与细砾岩差异不大,一般情况下难以区分;但砂砾岩与砾岩相比,存在电阻率值略低且呈锯齿状的特点(图 3 - 9)。

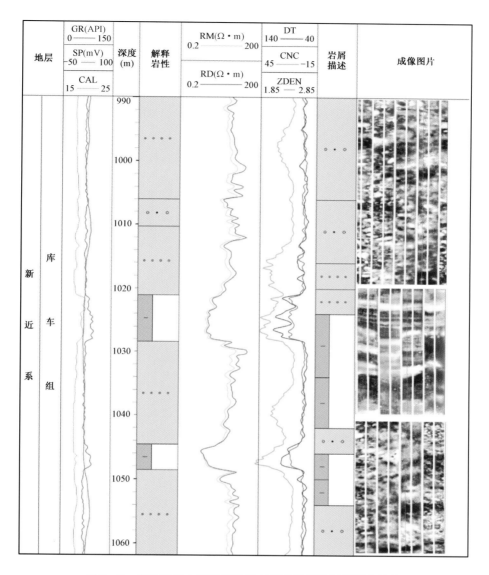

图 3-8　库车坳陷中部新近系库车组细砾岩及泥岩测井特征

5. 砂岩、泥岩测井特征

砂岩与泥岩主要发育在新近系库车组中上部地层,大多是均一的亮黄色,砂岩、粉砂岩多为薄层、图像上呈黄色—棕黄色,灰质胶结的砂岩呈亮黄色,而泥岩、粉砂质泥岩则呈暗色条带。砂岩电阻率较砾岩低、较泥岩高,成像图上的颜色从亮到暗反映了岩石电阻率值由高到低,表现了细砾岩、小砾岩、粗砂岩、粉砂岩颗粒由大到小的递变。砂岩 GR 值较低,一般在 65 ～ 70API,GR 曲线较平直;深浅电阻率表现为正差异,呈齿状,深电阻率一般在 20 ～ 30Ω · m,浅电阻率一般在 12 ～ 17Ω · m;DT 值主要集中在 54 ～ 65μs/ft;中子 CNC 值一般 10% ～ 12%;密度值一般在 2.60 ～ 2.67g/cm³(图 3 - 10)。泥岩、粉砂质泥岩 GR 值相对较高,一般在 80 ～ 100API,浅层薄层泥岩受围岩影响 GR 值呈现相对低值,但与砂岩、砾岩 GR 相比略高;深浅电阻率表现

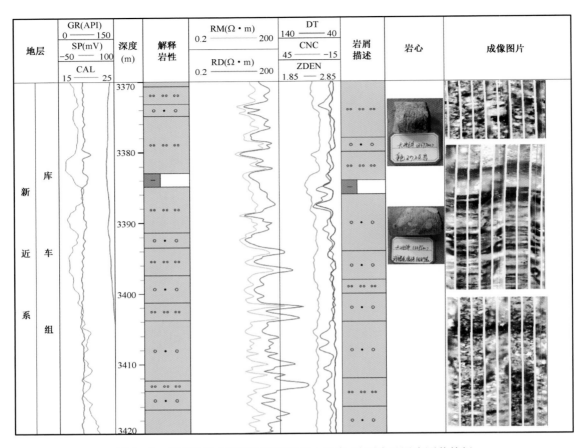

图 3-9　库车坳陷中部新近系库车组小砾岩、砂砾岩及泥岩测井特征

为正差异,但相对砂岩、砾岩差异不明显,电阻率均表现为低值,深电阻率一般在 5 ~ 8Ω·m,
浅电阻率一般在 4 ~ 7Ω·m;DT 值主要集中在 68 ~ 71μs/ft;中子 CNC 值一般 20% ~ 22%;密
度与砂岩相似,一般在 2.60 ~ 2.67g/cm³(图 3-10)。渗透性砂岩地层易在井壁周围形成泥饼
造成缩径,而泥岩、粉砂质泥岩易发生扩径,这种井筒直径的变化也可能对测井结果产生影响
(图 3-10)。

6. 砾岩 ECS 测井响应特征

ECS 测井资料丰富了砂砾岩的识别信息。FMI 资料可以较容易的识别砾岩、砂岩和泥岩,
但是这种识别仅是基于不同岩性的图像特征及砂砾与泥的色度做出的定性识别,它无法定量
的得出准确岩石含量。ECS 测井测量地层元素的热中子俘获谱,通过计算得到 Si、Ca、Fe、S 等
元素的含量以及地层中主要的矿物体积含量,准确地计算出地层岩石含量。ECS 测井可以提
供元素的干体积重量,如黏土含量、碳酸盐含量、石英 + 长石 + 云母含量等,进而可以准确地得
出砂岩、泥岩及碳酸盐岩的含量。ECS 测井是唯一能从岩石化学成分角度解决岩性识别问题
的测井方法,对识别那些成分差异较大而颜色、结构、构造差异不明显的复杂岩性具有极其重
要的意义。

从大北 6 井 ECS 测井与常规测井曲线对比可以看出 ECS 测井所给出的岩石含量与 FMI
测井解释岩性两者的一致性:砾岩段泥质含量减少,砂质、钙质成分明显增加,测井密度增大,

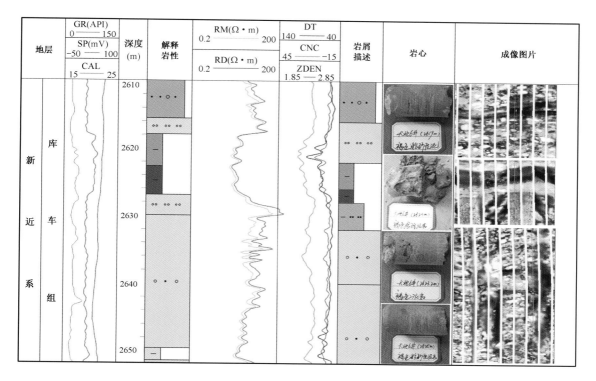

图 3 – 10　库车坳陷中部新近系库车组含砾砂岩、泥岩及砂砾岩测井特征

声波时差减小,电阻率多呈锯齿状升高;泥岩段泥质含量增多,砂质、钙质成分减少,测井密度和声波时差减小,电阻率呈箱状低值(图 3 – 11)。

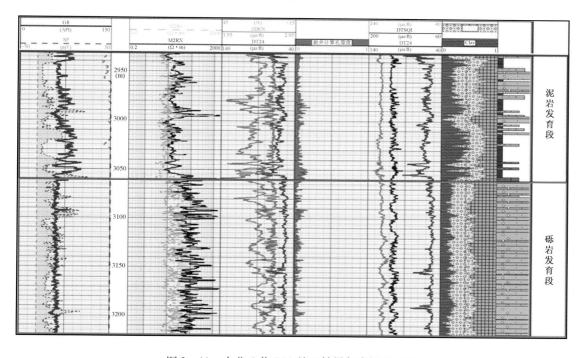

图 3 – 11　大北 6 井 ECS 处理结果与岩性对比图

二、岩性精细解释

库车坳陷部分钻井浅层没有岩屑录井,其砾岩层的岩性资料可以利用常规测井曲线进行岩性解释。利用常规测井资料对砂岩、泥岩和砾岩进行初步判别的方法流程如图 3 – 12 所示。

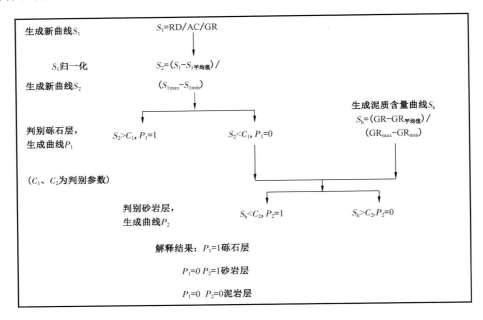

图 3 – 12　浅层岩性常规测井资料解释技术路线图

（1）首先识别砾岩。利用 RD、DT 和 GR 曲线换算生成新的曲线 S_1，S_1 曲线扩大了砾岩的电性响应特征,对 S_1 进行归一化得到曲线 S_2,进而利用 S_2 曲线进行砾岩判别,砾岩判别参数为 C_1,根据已知岩性的砾岩 C_1 经验值进行判别（表 3 – 1）,得到指示砾岩判别结果的曲线 P_1,曲线值为 1 时对应岩性为砾岩（图 3 – 13;图中 P_1 =1 时充填为红色）。

表 3 – 1　岩性判别参数取值分布表

判别参数	大北地区	克拉地区
砾石判断值 C_1	深部地层 0.6 ~ 0.8（浅部地层 0.3 ~ 0.4）	0.5 ~ 0.6
砂泥岩判断值 C_2	0.5 ~ 0.6	0.5 ~ 0.6

（2）然后进行砂岩与泥岩的判别。对 GR 曲线归一化后得到泥质含量曲线 S_h,对曲线 S_h 进行砂岩和泥岩的判别,根据已知岩性的砂泥岩判别参数 C_2 经验值进行判别（表 3 – 1）,得到指示判别结果的曲线 P_2。那么当 P_1 为 0、P_2 为 1 时,对应岩性为砂岩;当 P_1 为 0、P_2 为 0 时,对应岩性为泥岩（图 3 – 13;砂岩 P_2 充填为黄色,泥岩 P_2 未充填颜色）。

根据已有岩性录井的井段资料与利用上述测井解释的岩性结果进行对比（图 3 – 14）,对比结果证明上述测井解释方法中经验值 C_1 和 C_2 的取值和判别结果比较可靠,与岩屑录井近似。因此,经过人工干预后的岩性解释和归位结果能够真实地反映地下地质情况,通过大北 6 井精细解释与成像测井可对比性强,解释结果可靠。

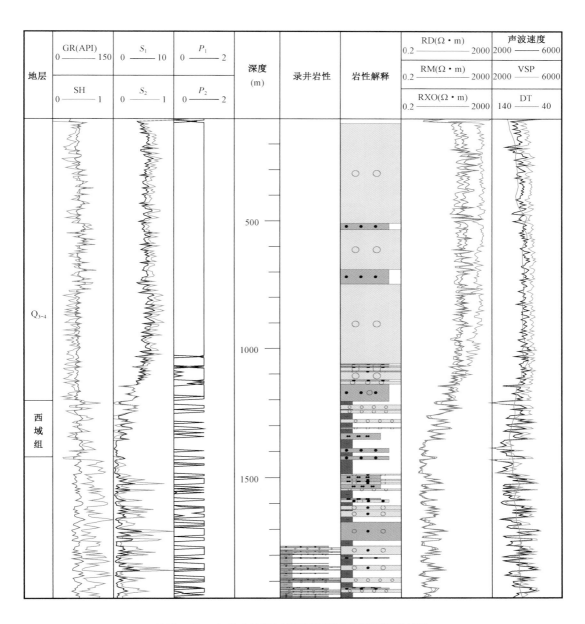

图 3-13 大北 3 井浅层岩性常规测井资料解释结果

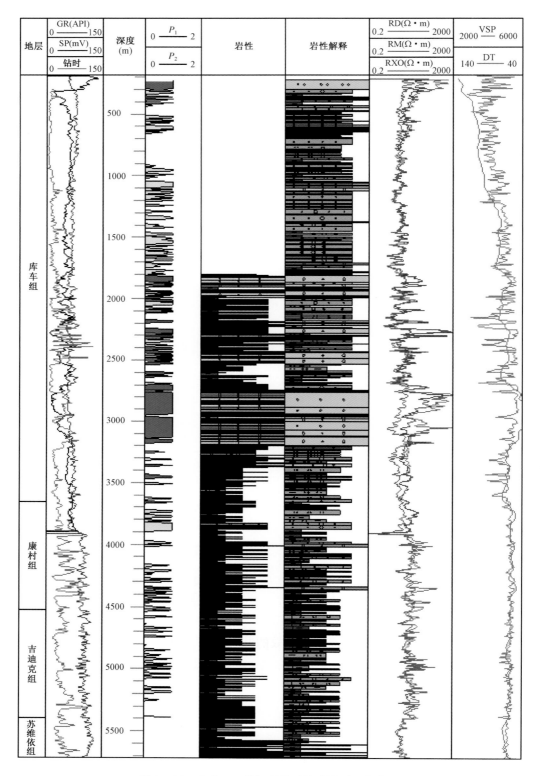

图 3 – 14 大北 104 井解释前后的岩性对比柱状图

第三节　三维电法资料处理技术

资料处理包括两个阶段:第一个阶段为资料预处理,包括去噪、曲线编辑与平滑、静态位移校正;第二个阶段为资料的三维反演。

一、预处理

1. 去噪处理

在三维电法勘探中由于各种电磁噪声的存在,不可避免地给实测资料带来一定的误差,严重时使曲线的形态发生变化,所以去噪处理是资料处理的一项重要内容。理想情况下,观测的电磁场分量是有用的信号,但是当电磁资料含有噪声时,所观测的电磁场分量是信号和噪声的叠加结果。资料前期处理的目的就是消除噪声,得到理想的张量阻抗要素。在这里噪声可分为不相关噪声和相关噪声两类。

1)不相关噪声的压制

不相关噪声不仅与信号无关,而且在道与道之间也没有关系。通过实验表明:大量的数据叠加可以大大减小这类噪声的影响。叠加需要足够多的数据,可以通过延长野外采集时间的办法来完成。

2)相关噪声的压制

所谓相关噪声就是道与道之间的噪声相互有联系。经过多次试验,远参考道技术已被证明是一种克服相关噪声的强有力方法。该方法要求在一个离测点较远且平坦、噪声小的地方布设测量大地电磁场的四个水平分量。在理论上,电场和磁场都可以作为参考场,但是因为磁场的水平分量受到噪声的干扰较少,且极化程度也比电场低,因而选用磁场作为参考到 H_{xr} 和 H_{yr}。只要测点的噪声与参考点的噪声不相关,阻抗元素估计就不会受到影响,从而相关噪声也就得到了很好的压制。

3)Robust 技术

在三维电法勘探资料处理时,如何正确地对阻抗函数进行估计及求取是一个特别重要的问题,直接影响到所求取的视电阻率及相位正确与否。在观测到的电场信号中,必然会含有噪声。在存在噪声的情况下,传统的阻抗估计方法是建立在噪声服从高斯分布的情况下。但当近乎高斯分布的电磁噪声背景上存在频繁地附加"异常"数据时,此时采用传统的方法所给出的估计值是有偏估计。

给出理想的无偏阻抗估计值是一个行之有效的办法,就是对 MT 阻抗函数进行无偏的 Robust 估计,它采用 M－估计回归算法和希尔伯特变换,从而除去异常噪声的影响。

2. 曲线编辑与平滑

由于天然噪声以及人为噪声的影响,野外实测的视电阻率和相位曲线光滑性差,个别频点的电阻率值发生非正常的跳跃,俗称飞点。这种曲线直接用于反演解释误差很大。因此,必须对原始的电阻率和相位曲线进行编辑与平滑。对曲线编辑与平滑,具体工作如下:

(1)了解全区视电阻率和相位曲线的基本形态;

(2)进行剖面对比,根据相邻相似的原则,参考相邻曲线,编辑并去除畸变点,尽量保留微

弱信息;

（3）根据振幅和相位间的内在联系,互相参照,对振幅和相位分布进行编辑;

（4）对首支下掉的频点,尽量使其回到曲线整体趋势上来;

（5）根据区内已知的地质、地球物理、测井等资料分析曲线特征。

以上是在曲线编辑与平滑上要掌握的原则,具体的实施要根据不同地区、不同资料情况而定。因此,在资料编辑的时候,既注重对单一测线的把握,又要与相邻的测线进行对比,认真分析沿剖面视电阻率和相位曲线的变化特征,了解测点所处地形的位置,剔除明显的畸变点,保证用于最终反演的是一条较连续并且相关性好的曲线。

图 3 – 15 为某测线 31 号测点视电阻率、相位曲线编辑前（a）和编辑后（b）的对比。可以看出经过编辑和平滑后,飞点被有效剔除,曲线光滑连续,可以用于后续处理。

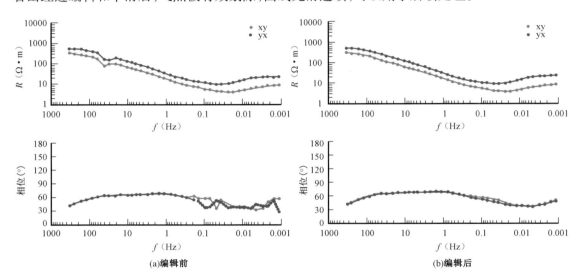

图 3 – 15　某测线 31 号测点视电阻率、相位编辑前和编辑后曲线对比

3. 静态位移校正

静态效应是由于近表存在局部电性不均匀体时,电阻率分界面上极化电荷的堆集引起电场的畸变,由此产生一个与外电场成正比的附加电场,且与频率无关。静态效应表现在单点曲线上,就是对数域电阻率曲线沿纵轴产生平移,相应曲线基本上不受影响。表现在视电阻率面图上,就是电阻率值出现直立的陡变带,俗称"挂面条"现象（图 3 – 16）。表现在单频点的视电阻率平面图上,就是存在很多"畸变点"现象。静态效应的强度可达 2 ~ 3 个数量级,在推断深度时可引起很大误差,并使构造解释复杂化,因此在反演解释之前需进行静校正。

静态位移校正前,首先要正确判别曲线是否受到静态效应影响。一般可根据如下特征来判断曲线是否受静态效应影响:

（1）一般浅层都具有各向同性,所以 xy 和 yx 两支曲线的首支应形态一致、互相重合,如果两支曲线首支分离,则可能存在静态效应影响。

（2）根据相位资料进行判断。理论证明相位资料基本不受静态效应影响,因此,如果视电阻率断面图上发生电阻率陡变现象,而相位断面上没有这种变化,则表明有静态效应影响;对三维 CEMP 资料而言,如果单个频点的视电阻率平面图上发生电阻率突变,"畸变点"较多,而相位断面上没有这种变化,则表明有静态效应影响。

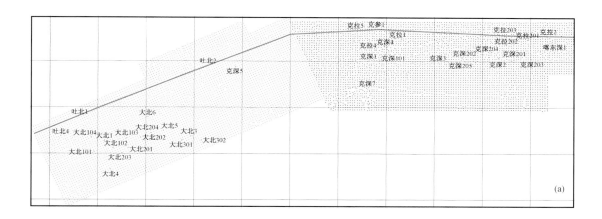

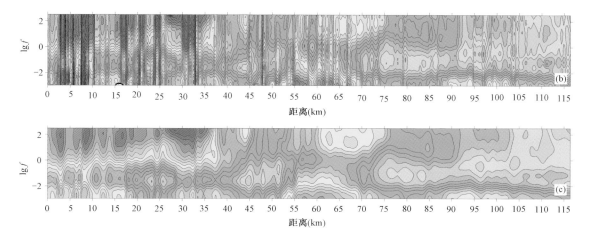

图 3-16 静态位移校正前后对比

（a）为测线位置图，红线为测线位置，贯穿吐北 1—吐北 2—克拉 5—克拉 2 井；

（b）和（c）分别为该线静校正前和静校正后视电阻率拟断面图

（3）根据地表地质条件及构造特征对比相邻测点进行判断。在相同构造单元内，相邻测点的曲线特征和视电阻率值应连续可对比。因此，如果曲线特征相似而视电阻率值突变，则表明有静态效应影响。

图 3-16（a）是贯穿大北—克深 5—克深 12 工区北部且过吐北 1 井—吐北 2 井—克拉 5 井—克拉 2 井的一条联络线，图 3-16（b）是该测线的实测视电阻率断面图，存在"挂面条"现象。在连片工区西部的测点多处存在静态位移现象，在连片工区的东部测点静态位移现象较少。

在判断曲线是否受静态效应影响之后，就开始对实测资料进行静校正处理。目前，静校正的方法很多，为了压制静态效应，不断提高 CEMP 的应用效果，国内外电法专家发表了许多论文，提出了空间域滤波法、理论计算法、联合解释法、CEMP 资料的自身校正法、曲线平移法、高频电磁函数向上延拓法等。这些方法大部分都是基于二维 CEMP 静校正，各种校正方法的原理和对资料的要求不同，在实际应用中都受到一定程度的限制，并且静态校正的效果不太理想。根据此次研究资料的实际情况，改变传统的以线为单位的二维静校正方法，而采用自主研发的三维基准面滤波静校正方法进行全区静校正，由于相位数据几乎不受静位移影响，所以只对视电阻率数据做静校正。这种三维静校正处理考虑了平面上局部不均匀体的影响和分布，较之二维静校正方法的局限性有较大的改进。

图 3-16(c) 为静校正前后第 4 号频点视电阻率的平面分布对比图。静校前视电阻率分布规律性差,高频局部团块状异常分布突出,表现为较典型的静位移特征。利用三维静校正后视电阻率异常分布规律性明确,高频局部异常明显消除,静态位移得以有效地压制,有利于后期处理与解释。从静校正前后视电阻率拟断面上看,静态位移引起的断面上局部直立和锯齿状异常在静校后的视电阻率拟断面图上也得以有效压制,表明了三维基准面滤波静校方法的有效性(图 3-17)。图 3-18 和图 3-19 为克深 1-2 工区的静校正前后视电阻率数据体及切片对比图。

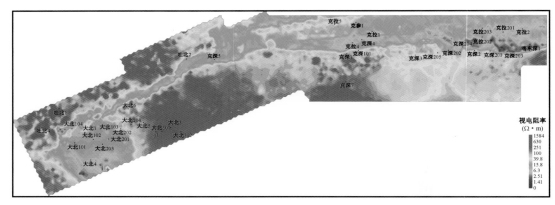

(a)静校正前

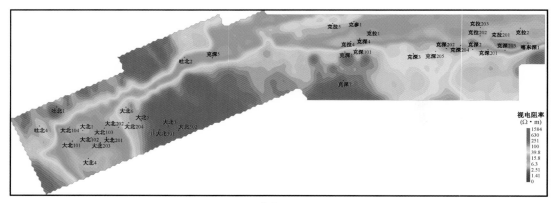

(b)静校正后

图 3-17　第 4 号频点视电阻率静校正前后平面对比图

4. 三维反演处理

基于以岩层间电阻率差异为基础的电磁法勘探,反演的过程就是根据实测不同频率的视电阻率、相位响应来恢复可能的大地地电结构,从恢复的地电断面上去追踪分析一些构造地质现象。这种恢复的地电断面一般以地层电阻率随深度变化的形式展现。在本区进行的三维 CEMP 勘探,区别于二维 CEMP 勘探的核心部分就是实现三维反演处理。本区进行的三维 CEMP 勘探,区别于二维 CEMP 勘探的核心部分就是实现三维反演处理。

实现三维反演处理一直是 CEMP 资料反演处理研究的方向和电磁法勘探技术发展的必然趋势。CEMP 等电磁法仍属体积勘探,它决定了利用一维、二维反演处理 CEMP 资料所获

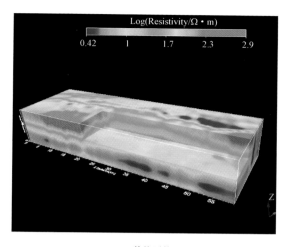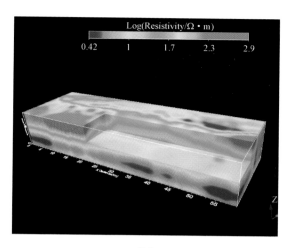

(a)静校正前

(b)静校正后

图3-18　三维静校正前(a)和静校正后(b)视电阻率数据体对比

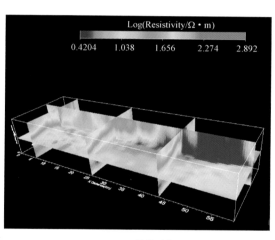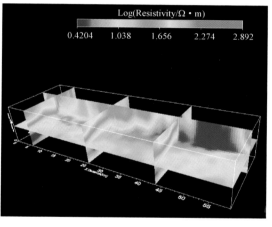

(a)静校正前

(a)静校正后

图3-19　三维静校正前后视电阻率数据切片对比图(软件截图)

得的结果都是近似的结果,只有实现了三维勘探和三维反演处理,CEMP等电磁法勘探结果才能接近于客观的地电模型。因此,在复杂区进行三维电磁勘探和实现三维反演处理,是提高电磁法成果可靠性的必然途径之一,实施三维反演可以更客观反映构造形态及电性分布特征。

"九五""十五"期间,结合国外油气电磁法勘探技术的发展趋势,在集团公司科技发展部的支持下,东方地球物理勘探有限责任公司在国内率先立项进行了三维电磁法勘探技术的系统研究,目前在三维地震采集方法、三维地震反演处理方面已取得重要进展。通过多年的攻关和不断改进,开发了快速三维电磁数据反演和约束三维电磁数据反演程序,在国内率先实现了实测CEMP资料的三维地震反演处理,对特殊岩性体识别也可以更加清楚的刻画。

近几年来,三维重磁电勘探技术得到快速发展,三维重磁电相比传统二维精度有了明显提高,三维重磁电勘探考虑了体积效应,可以使地下目标异常有效归位。同时三维重磁电能够有效揭示表层高阻、高密度砾石分布特征及变化趋势,进而提供密度模型、辅助地震速度建模,消除浅层砾石对下伏圈闭的影响。利用地震与非地震资料进行综合构造建模解释,同时兼顾深层目标勘探,更好地辅助地震落实圈闭,也可为库车钻井工程提供地质服务。

　　三维地震反演处理与二维地震反演处理有明显的不同之处,三维地震反演在获得岩层地电模型的过程中,参与反演控制的测点为区域性的。在迭代拟合的模型参数修正量计算过程中,充分考虑了 CEMP 观测结果体积效应的特点,区域性各测点处的电性模型都参考了各测点上场分量的计算。而二维地震反演处理仅考虑了沿测线方向测点的观测结果,获得的地电模型特征是没有考虑旁侧效应影响的结果,具有明显的局限性。

　　由于大北和克深 5 工区的三维电法部署方向一致,而克深 1 - 2 工区部署方向为正南北向,且与克深 5 工区相邻(图 3 - 20),图中红色圆点为大北—克深 5 工区采集点位,图中黑色圆点为克深 1 - 2 工区采集点位。为了方便处理,根据测网方向,分成两个区块进行处理:图中蓝色矩形框中的大北—克深 5 区块和红色矩形框中的克深 1 - 2 区块。在处理克深 1 - 2 工区的三维电法数据资料时,把克深 5 工区东部采集部分测点的三维 CEMP 数据一起参与处理。在两个区块的重合部位,利用加权平均的方法对反演数据进行处理。对本区三维 CEMP 资料处理的主要流程如下:

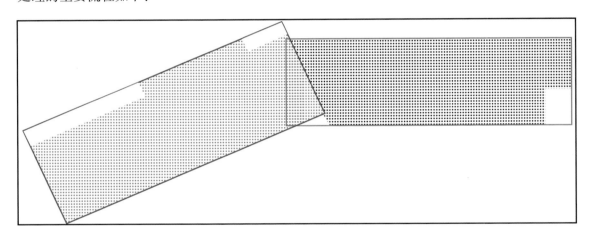

图 3 - 20　三维 CEMP 数据处理的点位图

　　(1)三维静校正处理。采用三维基准面滤波静校正方法进行全区大北克深连片静校正。

　　(2)三维规则化插值。在静校正后,对不规则分布区的测点进行规则化的三维插值处理。

　　(3)三维网格剖分。根据网格距形成 X、Y、Z 三方向网格距文件。

　　(4)三维地震反演文件准备。按要求形成视电阻率、相位文件;创建三维地震反演参数文件。

　　(5)整理两个区块的三维地震反演结果。

　　(6)将该结果转化为 LandMark 系统格式,进行可视化成图与解释,同时与地震融合。

二、三维电法与地震叠合技术

　　研究表明,各种地球物理资料对砾石层都有相应,但又都具有局限性。例如常规地震资料无法准确区分砂砾岩沉积,而非地震资料可以区分岩性体却不具备层系概念(表 3 - 2)。

表 3 – 2　各种岩性地球物理资料的响应及局限性

层位	岩性	常规地震资料	波阻抗资料 [10^7 (kg/m^3)·(m/s)]	非地震资料
第四系	砂砾岩	弱—中振幅弱连续前积杂乱反射	次高阻抗值 0.95 ~ 1.12	高阻,电阻率值一般在 60Ω·m 以上,最高达几百欧姆米
新近系库车组	砂砾岩	中—强振幅弱连续楔状断续反射或连续平行反射,局部成岩较强砾岩呈断续或空白反射	次高和高阻抗值 1.10 ~ 1.59	不同砾岩电阻率值有差异,粒度越粗电阻率越高,一般与砾质含量成正比
	砂泥岩	弱—中振幅连续近平行反射	中低阻抗 0.88 ~ 1.10	电阻率值相对较低
资料优劣势		能反映地震—地质层位,砾岩响应规律难以把握	较好反映井周岩性,受地震资料限制和井约束范围有限,无明显边界,不易追踪	有效识别砾岩空间发育分布范围,但缺地层概念

常规地震资料的地震相参数,如地震反射振幅、频率、连续性、地震反射内部结构和外部形态等可以在一定程度上反映冲积扇岩层的沉积。在砾石层发育的井段,主要发育三种地震反射类型:弱—中振弱连续前积杂乱反射、中强振弱连楔状断续反射和中强振连平行连续反射。例如过乌参 1 井的 WS – 03 – 333 测线,井点砾石发育层段呈断续反射,中等—强振幅,连续性差;向北部呈杂乱反射,弱—中等振幅,连续性差,可见前积、底超现象;向南部呈连续反射,中等—强振幅,连续性中等,可见超覆现象(图 3 – 21)。在博孜 1 井的 BC – 07 – L1 测线,深层康村组和吉迪克组砾岩层还发育空白反射(图 3 – 22)。由此可见,砾石层的地震反射特征比较复杂。

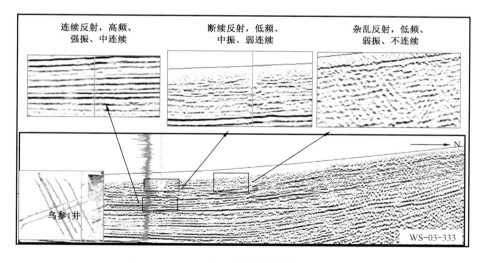

图 3 – 21　过乌参 1 井地震测线的地震相特征

另外,由于浅层地震资料品质较差,而且很多层系的砾石层是相互叠加,继承性发育,因此地震相特征仅能反映砾石层发育的宏观面貌,无法准确地区分砾石层的沉积期次。

针对以上砾岩识别的难点,为了集成砾岩识别中地震资料和非地震资料的优点,同时规避两种物探资料的不足之处,提出了将三维电法与地震资料叠合的方法,形成了三维电法与地震叠合砾岩识别技术。

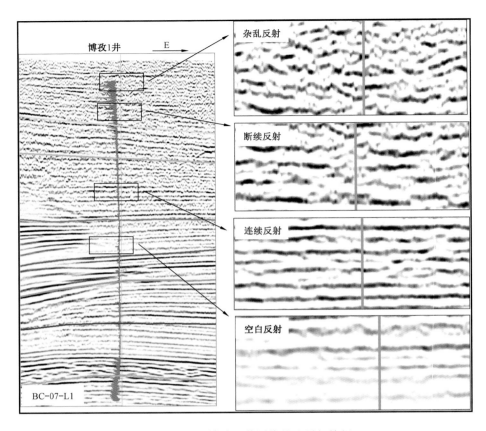

图 3 - 22 　过博孜 1 井测线的地震相特征

　　首先,在工作站中实现地震叠前深度偏移数据与处理后的电法数据叠合,保留电法剖面的变密度显示,地震叠前深度偏移剖面的波形变面积显示,形成了一个叠合剖面(图 3 - 23)。这样既有构造和地层的概念,也有岩性体的概念。

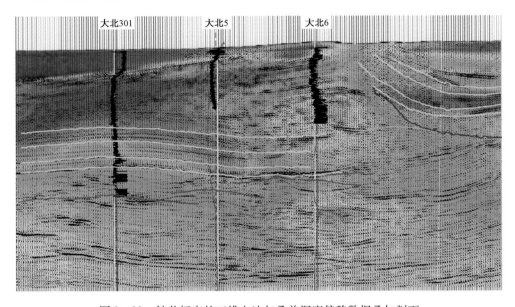

图 3 - 23 　钻井标定的三维电法与叠前深度偏移数据叠加剖面

然后,利用已完钻井标定该叠合剖面,根据电法数据体现的不同电阻率值和对应的岩性柱状图进行岩性判别,制定依据电法剖面进行岩性体的识别标准(表3－3),含砾越多粒度越大电阻率越高。

表3－3　库车坳陷三维电法剖面岩性判别标准

电阻率值(Ω · m)	对应岩性
<2	泥岩
2～6	砂泥岩
6～8	砂砾岩
>8	砾岩
8～60	中砾岩
>60	粗砾岩

根据上述判别依据,并在野外露头、测井、地震研究的基础上总结了不同地层不同类型的岩性特征,以及相对应的测井曲线形态、地震相和三维电法特征,建立了库车坳陷大北和克深地区岩性解释模板(图3－24和图3－25)。

三、砾石层岩性岩相预测技术

在进行岩性判别时,仍要参考地层界限进行,根据盆地冲积扇的充填特征进行岩性识别和岩相划分。最终通过多剖面综合识别、解释和闭合,可以得到与叠合剖面对应的岩性岩相剖面(图3－26)。利用岩性岩相剖面可以建立砾石层发育的框架,分别对主测线与联络线剖面进行岩性岩相分析。

1. 大北地区

在大北地区,砾石层发育于库车组和第四系。从贯穿整个大北地区的三条任意线岩性岩相的连井剖面(图3－27和图3－28)中可以看出,砾石层发育主要在库车组和第四系,第四系的砾岩层与下伏地层发育不整合接触关系;康村组和吉迪克组仅在吐孜玛扎断裂北侧地区发育小规模砾岩层。库车组砾岩层岩性复杂,发育中砾岩、细砾岩、小砾岩和砂砾岩,而第四系砾岩层主要以中砾岩和细砾岩为主。纵向上库车组早期砾岩层开始向盆地进积(图3－27),反旋回明显;库车组沉积中晚期,砾石层表现为退积,规模上向盆地边缘收缩;第四系砾石层再次表现为进积,规模比以前都大。

根据联络测线方向的岩性岩相剖面(图3－28),从砾岩层的岩性和粒度纵向上变化也可以看出,本区砾岩层发育先进积、后退积、然后再进积的规律十分明显,第四系进积表现最为明显,而且岩性也比库车组要粗。同时,在大北104井垂直物源方向的联络测线上,能看到3个砾岩层发育的集中区,分别在大北104井、大北6井和大北3井三个地区。

2. 克拉地区

在克拉地区,砾岩层的规模和粒度比大北地区都要小。例如过吐北2井的近南北向岩性岩相解释剖面(图3－29),吉迪克组和康村组以扇三角洲和湖泊相沉积为主,岩性以小砾岩、

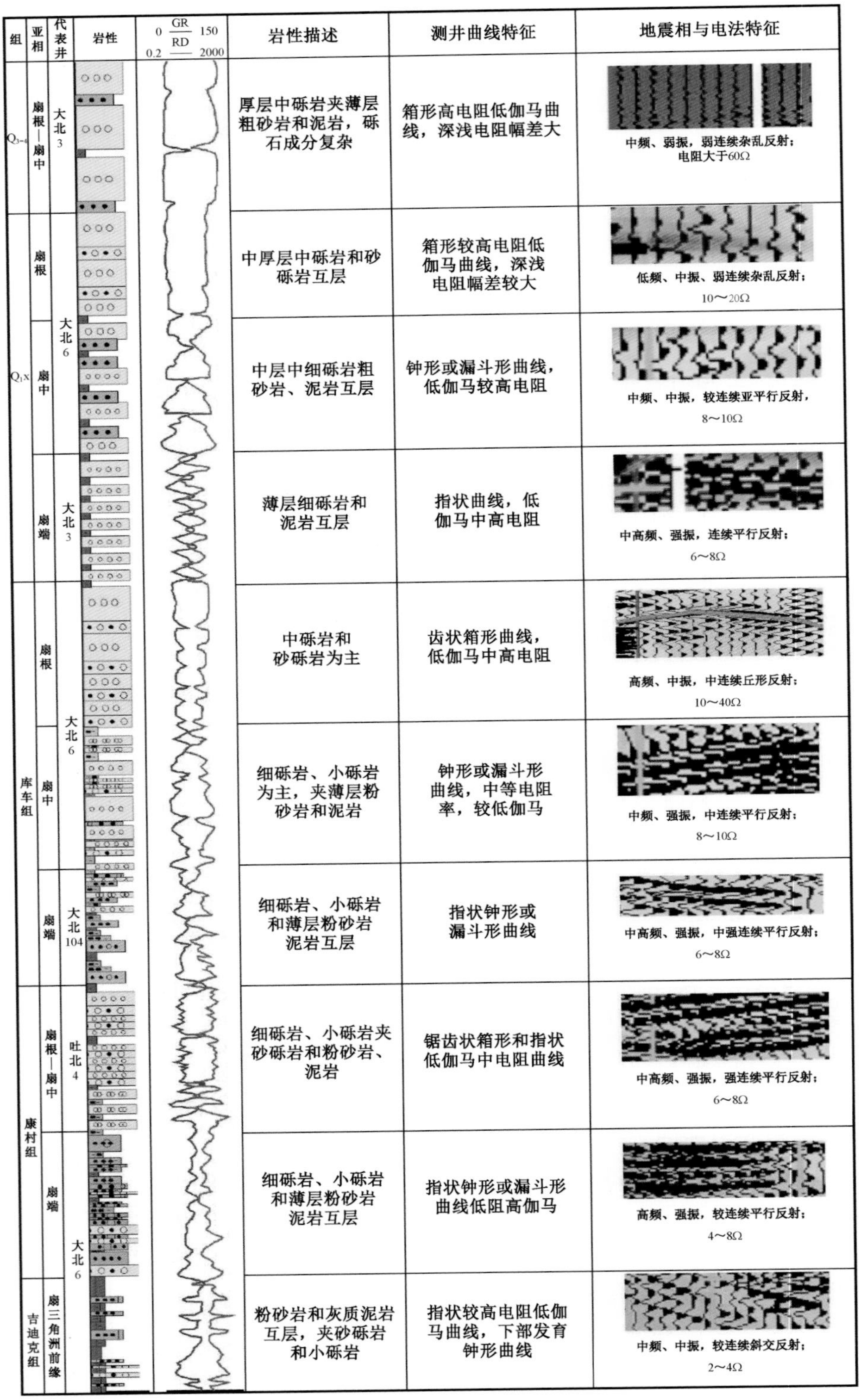

组	亚相	代表井	岩性	0 GR 150 / 0.2 RD 2000	岩性描述	测井曲线特征	地震相与电法特征
Q₃₋₄	扇根—扇中	大北3			厚层中砾岩夹薄层粗砂岩和泥岩,砾石成分复杂	箱形高电阻低伽马曲线,深浅电阻幅差大	中频、弱振,弱连续杂乱反射; 电阻大于60Ω
Q₂x	扇根	大北6			中厚层中砾岩和砂砾岩互层	箱形较高电阻低伽马曲线,深浅电阻幅差较大	低频、中振、弱连续杂乱反射; 10~20Ω
	扇中				中层中细砾岩粗砂岩、泥岩互层	钟形或漏斗形曲线,低伽马较高电阻	中频、中振,较连续亚平行反射; 8~10Ω
	扇端	大北3			薄层细砾岩和泥岩互层	指状曲线,低伽马中高电阻	中高频、强振,连续平行反射; 6~8Ω
库车组	扇根	大北6			中砾岩和砂砾岩为主	齿状箱形曲线,低伽马中高电阻	高频、中振,中连续丘形反射; 10~40Ω
	扇中				细砾岩、小砾岩为主,夹薄层粉砂岩和泥岩	钟形或漏斗形曲线,中等电阻率,较低伽马	中频、强振,中连续平行反射; 8~10Ω
	扇端	大北104			细砾岩、小砾岩和薄层粉砂岩泥岩互层	指状钟形或漏斗形曲线	中高频、强振,中强连续平行反射; 6~8Ω
康村组	扇根—扇中	吐北4			细砾岩、小砾岩夹砂砾岩和粉砂岩、泥岩	锯齿状箱形和指状低伽马中电阻曲线	中高频、强振,强连续平行反射; 6~8Ω
	扇端	大北6			细砾岩、小砾岩和薄层粉砂岩泥岩互层	指状钟形或漏斗形曲线低阻高伽马	高频、强振,较连续平行反射; 4~8Ω
吉迪克组	扇三角洲前缘				粉砂岩和灰质泥岩互层,夹砂砾岩和小砾岩	指状较高电阻低伽马曲线,下部发育钟形曲线	中频、中振,较连续斜交反射; 2~4Ω

图 3-24　库车坳陷大北地区岩性解释模板

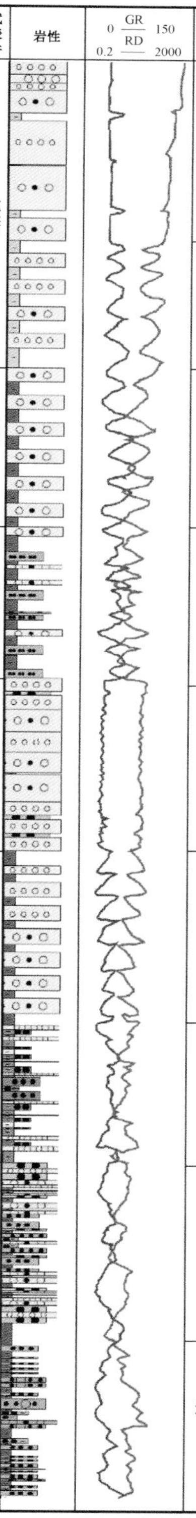

组	亚相	代表井	岩性	GR 0—150 / RD 0.2—2000	岩性描述	测井曲线特征	地震相与电法特征
	扇根—扇中	克深7			厚层细砾岩、砂砾岩夹薄层泥岩	箱形高电阻低伽马曲线，深浅电阻幅差大	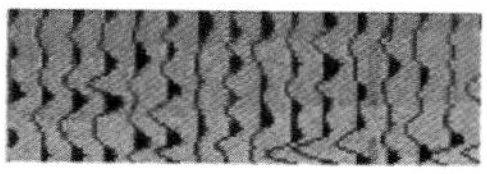 中频、中振，弱连续杂乱反射；电阻大于60Ω
	Q₃ʷ	克深7			薄层细砾岩和灰色泥岩互层	指状曲线，低伽马中电阻	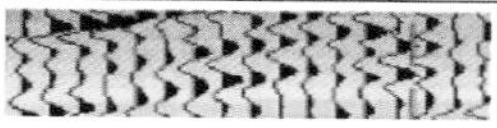 中高频、中振，中连续斜交反射；8~10Ω
库车组	扇端	克深1			薄层砂砾岩和褐色泥岩互层	指状曲线，低伽马中低电阻	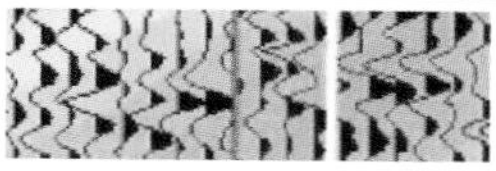 中频、中振，弱连续杂乱反射；6~8Ω
	河床	克深7			薄层粉砂岩、砂砾岩和褐色泥岩互层	指状漏斗形曲线，中伽马低电阻	 中高频、强振，连续平行反射；2~3Ω
	扇根	克拉5			细砾岩和砂砾岩为主	齿状箱形曲线，低伽马中高电阻	 低频、中振，弱连续杂乱反射；8~10Ω
康村组	扇中	克参1			细砾岩、砂砾岩与夹薄层泥岩互层	钟形曲线，中低电阻率低伽马	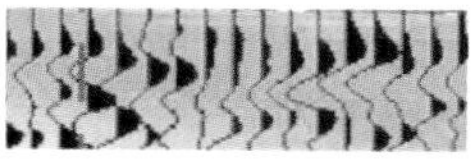 中频、中振，中连续亚平行反射；6~8Ω
	扇端				小砾岩、薄层粉砂岩和泥岩	齿状钟形或漏斗形曲线，中低电阻率	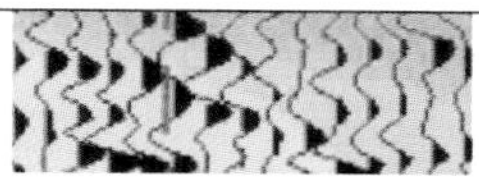 中低频、中振，中连续杂乱反射；4~6Ω
吉迪克组	扇端	克拉5			小砾岩、砂砾岩夹泥岩和粉砂质泥岩	锯齿状钟形和漏斗形低伽马中电阻曲线	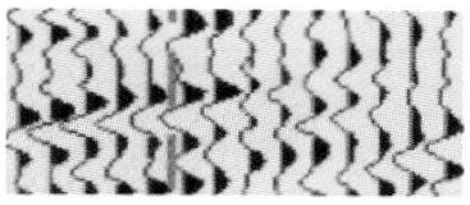 中高频、强振，中强连续平行反射；2~4Ω
	扇三角洲前缘	克深7			粉砂岩和泥岩互层，夹中层砂砾岩	钟形曲线，中低伽马中高电阻	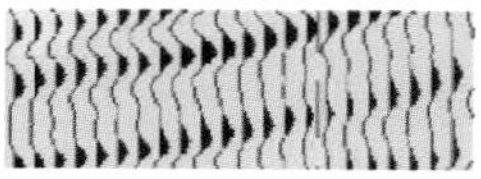 低频、中振，较连续平行反射；3~5Ω

图 3-25 库车坳陷克深地区岩性解释模板

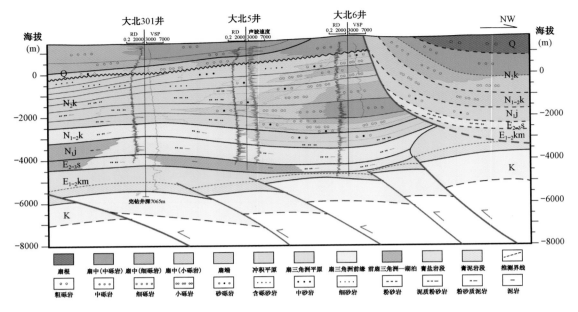

图 3-26　根据叠合剖面解释后得到的岩性岩相剖面

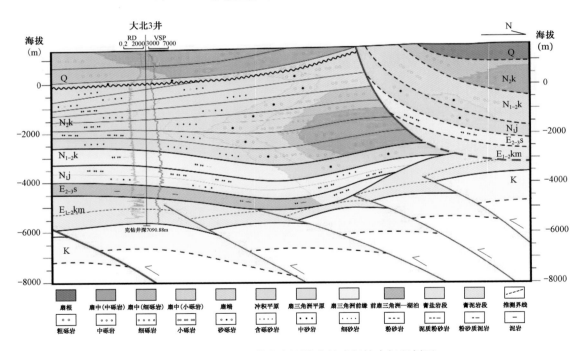

图 3-27　过大北 3 井的主测线岩性岩相综合解释剖面

砂岩、粉砂岩和泥岩为主,且康村组扇三角洲范围更大。库车组以冲积扇和冲积平原沉积为主,断裂上盘以冲积扇沉积为主,断裂下盘冲积扇规模减小,以扇端和冲积平原沉积为主。第四系在断裂上盘被剥蚀殆尽,下盘以砾石沉积为主,主要的沉积相类型为冲积扇。通过对三维地震区中部的 L_6 电法剖面研究(图 3-30),认为该地区库车组沉积时期—第四纪的构造运动更为强烈,沉积物被强烈的剥蚀,从图中可以看出断裂上盘无库车组沉积,由于受到断裂作用,

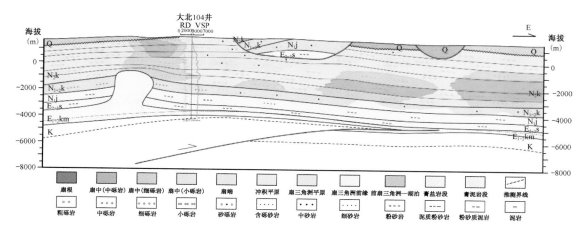

图 3 - 28　过大北 104 井的联络测线岩性岩相综合解释剖面

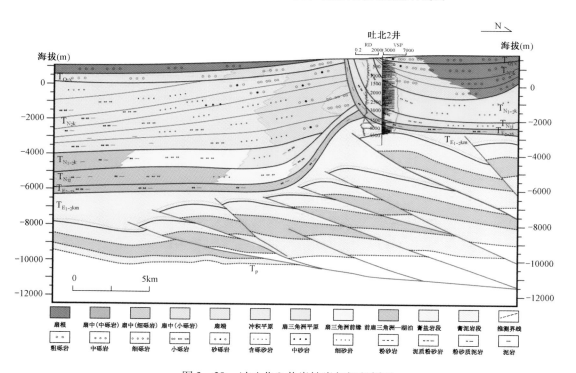

图 3 - 29　过吐北 2 井岩性岩相解释剖面

阻断了物源供应,下盘冲积扇发育受到了限制,规模较小,以冲积平原沉积为主。而对三维地震区东部的 L_9 电法剖面可以看出(图 3 - 31),该地区整体岩性较细,吉迪克组和康村组以扇三角洲和湖泊沉积为主,岩性以小砾岩、砂岩、粉砂岩和泥岩为主,且康村组扇三角洲向盆地中心进积,库车组在该地区粒度最细,断裂下盘地区均发育冲积平原,第四系的西域组在断裂下盘为冲积扇和冲积平原沉积,Q_{3-4} 岩性较粗,为中—粗砾岩沉积。

在南北向电法剖面研究的基础上,对横切物源的东西方向剖面也进行了详细的岩性岩相分析,例如对整个大北—克深—克拉地区东西三维电法 T_2 剖面分析,认为吉迪克组以扇三角洲前缘沉积为主,岩性以砂岩、粉砂岩和泥岩为主,康村组沉积时期,构造活动变得强烈,扇三

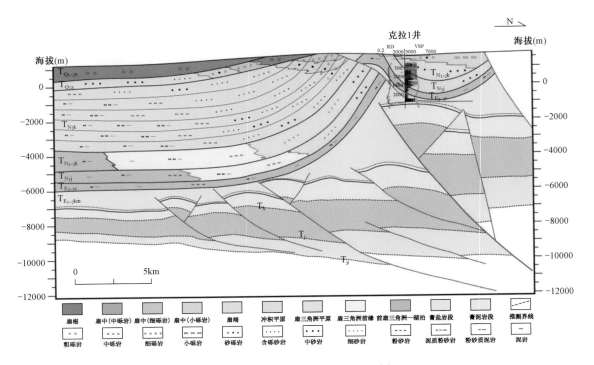

图 3 - 30 过克拉 1 井岩性岩相解释剖面

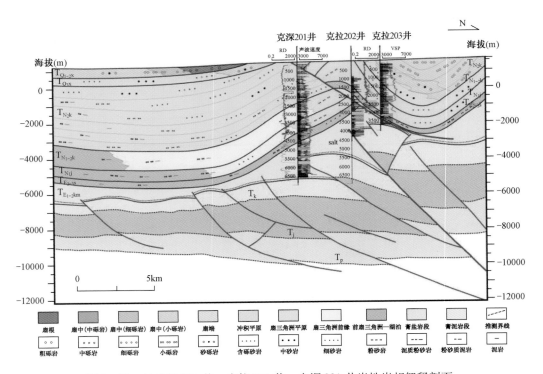

图 3 - 31 过克拉 203 井—克拉 202 井—克深 201 井岩性岩相解释剖面

角洲向盆地方向进积,该测线地区以扇三角洲平原沉积为主,岩性以砂砾岩、砂岩为主。库车组沉积时期,东西地区的沉积相类型和规模差异较大,西部的大北地区,尤其是大北6地区,以冲积扇发育为主,冲积扇具有厚度大、粒度粗和早期进积、后期退积的沉积特点;中部和东部地区以冲积平原为主,岩性以砂砾岩、砂岩和泥岩为主。第四系仅残留在中部地区,以冲积扇沉积为主,岩性以中—粗砾岩为主(图3-32)。

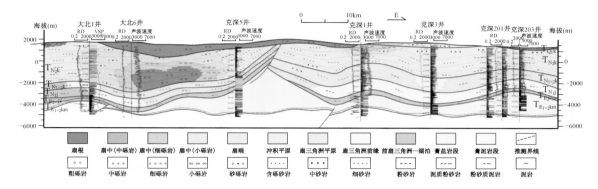

图3-32 T₂测线岩性岩相解释剖面

3. 全区砾岩层岩性岩相特征

通过多条主测线分析(图3-33),发现吉迪克组扇三角洲发育规模较小,湖泊分布规模大,以宽浅湖为主,砾岩层主要以细砾岩、砂砾岩为主,厚度小、粒度细、分布范围小。康村组沉积时期,由于构造运动加强,扇三角洲范围增大,湖泊面积减小,以扇三角洲沉积为主,砾岩层主要以细砾岩、砂砾岩为主,厚度小、粒度细,分布范围比吉迪克组大。库车组沉积时期,构造运动极为强烈,南天山快速隆升,湖泊快速萎缩,在三维地震区已无湖泊沉积,以冲积扇和冲积平原为主。库车组沉积早期砾岩层开始向盆地进积,反旋回明显;库车组沉积中晚期,砾岩层表现为退积,规模上向盆地边缘收缩,砾岩层粒度粗,大小混杂,分选差,岩性以中砾岩—粗砾

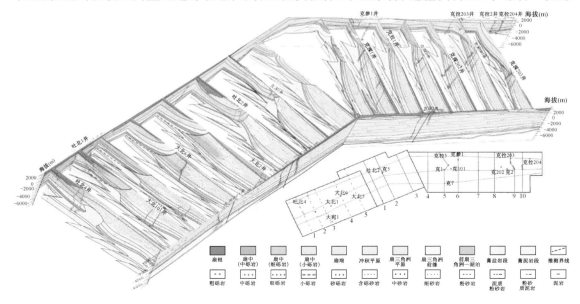

图3-33 库车坳陷大北—克深5—克深12三维地震区主测线的岩性岩相平剖图

岩为主,西部的克深5井地区砾岩层规模最大,到东部克深201测线地区砾岩层仅存在断裂上盘,下盘以冲积平原沉积为主,岩性以砂砾岩、细砂岩和粉砂岩为主。第四系抬升剥蚀强烈,三维地震区以冲积扇沉积为主,岩性以中砾岩—粗砾岩为主,大小混杂,在三维地震区南部,岩性变细,以细砾岩沉积为主。

第四节　砾岩层的地震属性反演

山前冲积扇体受沉积特征控制,其岩性、物性特征与围岩有差异,因此其地球物理属性与围岩也存在明显差异。通过地震多属性研究,可以将砾岩层与常规围岩有效区分。同时,结合测井速度研究,可以测算出砾岩层的真实速度。库车前陆冲断带砾岩层自西向东主要分布在博孜地区、大北和吐北地区、克深地区西部等区块,其中大北和博孜地区砾岩层分布最有特点、分布范围也较大,因此下文的研究中主要以大北和博孜地区为例进行介绍。

一、井约束波阻抗反演

1. 地震与非地震资料特征和研究方法

大北地区高速砾岩是影响该区速度研究的最主要因素。大北3井和大北6井等多口井钻遇高速砾岩,其中大北6井钻遇4000多米厚的砾岩层。该区库车组上钻前设计层速度为3860m/s,而实钻测井层速度高达4500~6000m/s,这直接导致大北6井实钻深度与预测深度出现了非常大的差异。由此可以看出,高速砾岩引起的速度异常已经严重影响了盐下构造的准确落实和层位的准确预测,是影响盐下圈闭落实的主要因素之一。因此对库车地区砾岩层的研究显得非常重要和迫切。

非地震资料研究表明:非地震的电阻率资料能够反映高速砾岩的空间赋存特征,但是受其精度低的限制,单纯利用非地震资料也难以精细研究砾岩的空间分布特征以及速度变化规律。因此地震资料、非地震资料、钻井资料联合应用是解决大北地区高速砾岩带来的速度问题的有效手段。

传统的基于井控制的稀疏脉冲测井约束反演方法受单井资料控制比较严重,空间规律受井的影响很大,通过平面属性可以发现,平面图上存在围绕井点画圈的现象,不能真实反映高速砾岩的分布规律。通过非地震电阻率资料与大北地区高速砾岩层岩性岩相三维空间分布的地质特征进行对比发现,非地震电阻率资料反映的高速砾岩的空间分布特征,与实际砾岩层的空间分布特征较为吻合。因此在研究中采取了基于沉积相控制地层边界,然后用井内插完成地质模型的建立,再进行稀疏脉冲反演,解决了该问题。

基于井约束的地震非地震联合反演的研究思路是:地震与非地震相互约束、优势互补,测井控制。在研究过程中,统一地震与非地震资料的格式,建立时间域联合研究工区,在此基础上分别对地震、非地震进行联合标定和层位解释,通过体校正进行数据空间匹配,在此基础上开展基于井约束的地震与非地震联合反演,利用反演阻抗体在三维空间中对高速砾岩层进行分级雕刻,刻画不同岩性岩相的砾岩分布特征,最终得到更为精细的三维速度场。

2. 地震与非地震数据的空间匹配

大北地区地震数据网格面元为20m×20m,非地震数据网格面元为500m×500m,线道号区间也不一致。两者的网格面元和线道号均不匹配,无法联合使用。要对两种资料进行联合研究,必须对非地震资料重新建立网格面元并对其线道号进行重置,使其和地震数据的网格面元和线道号顺序匹配,这样才能在同一工区下进行联合解释和研究。具体做法是:在非地震大面元的基础上,对非地震数据进行网格内插,把非地震的网格面元内插为 20m×20m,然后对非地震数据的线道号顺序进行重新编排,再以地震数据线道号顺序为参考,对比内插后的非地震数据线道号与地震数据相同位置的线道号的差异,对非地震数据的线道号进行重置,使其和地震数据的网格面元和线道号顺序完全一致。通过以上处理,可以建立地震与非地震资料的联合解释工区了(图 3 - 34)。从而实现了两者平面位置的对应和匹配,但是在纵向上两者还不对应不匹配。地震数据有时间域和深度域两套资料,非地震数据有深度域的电阻率资料和重力资料。两者由于采集的方法不同,在纵向上数据还不匹配,接下来工作就是实现纵向数据匹配。

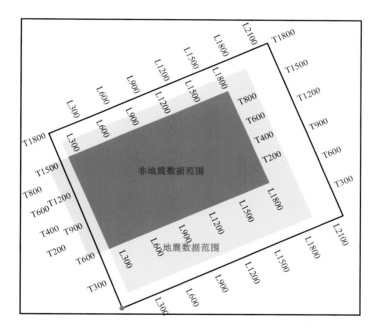

图 3 - 34 地震与非地震联合工区地图

在地震资料选取上,选用叠前时间偏移资料进行解释和反演研究。在非地震资料的选择上,进行了电阻率数据和重力数据的对比和地质综合分析,认为电阻率资料对砾岩的特征反映的更好,能够反映砾岩的宏观分布规律。确定研究资料后,利用非地震电阻率资料反演的速度体,对电阻率资料进行了时深转换,然后在时间域对地震资料和电阻率资料进行了分别标定。在标定的基础上,对两套资料的层位进行了分别解释和成图。通过对比两套资料的层位表明:盐顶存在差异,层位的趋势是一致的,这是由于地震、非地震观测方式差异造成,要做到两者层位的对应,必须对非地震数据开展基于层位控制的体校正。基于层位控制的体校正技术的思路是,利用 Landmark 时深转换功能,给非地震数据一个伪速度,分别把非地震数据体和层位校正到与地震对应的数据和层位上,然后对该校正数据进行重新采样,使其和地震数据的采样率一致。从而实现地震数据非地震数据在时间域纵向上的对应和匹配(图 3 - 35)。

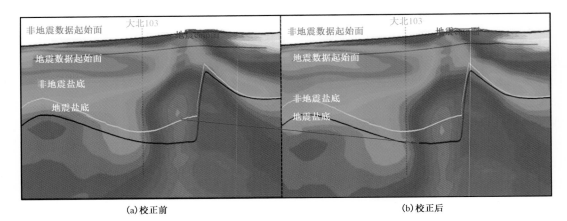

(a)校正前　　　　　　　　　　　　　　　　　　(b)校正后

图 3 - 35　非地震电阻率数据体校正前后对比图

3. 联合反演

由于地震资料受地表复杂引起的静校正问题,地层岩性变化大引起的速度场纵、横向变化大等问题的影响,导致资料信噪比低,地震波场复杂,资料品质较差,不能有效识别砾岩的空间分布规律和速度变化特征。钻井资料揭示了砾岩的存在,但是由于钻井少而且分布不均,并且其中多数井浅层钻遇了砾岩但是无测井曲线,无法准确刻画砾岩的空间分布规律。

大北地区有多口井揭示该区存在深浅两套高速砾岩层:即第四系高速砾岩层和新近系库车组高速砾岩层。图 3 - 36 是该区所有钻井的测井曲线图,从图中可以发现,第四系高速砾岩层的速度分布在 3500 ~ 4500m/s 之间,新近系库车组高速砾岩速度分布在 5000 ~ 6000m/s 之间。正常地层的速度趋势随埋深增加而增加,速度从 2500m/s 递增至 5500m/s。

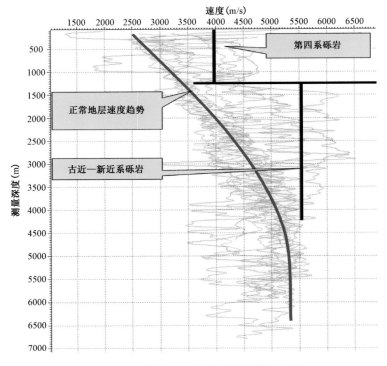

图 3 - 36　大北地区测井速度曲线叠合图

通过基于井约束、非地震控制的联合反演,得到的速度规律与钻井揭示的地层速度规律较为吻合,反演剖面反映了高速砾岩具有多期沉积的特征。如图 3-37 所示,大北地区连井速度剖面与测井得到的速度规律吻合较好,反映了深浅两套高速砾岩层的分布规律和速度变化规律。大北 6、大北 5、大北 301、大北 3 等井在浅层第四系钻遇了高速砾岩,速度在 3500~4500m/s 之间,连井速度剖面上,对浅层各井的速度反映较好。同时反映了砾岩分布的多期叠置规律,速度下大上小,反映了砾岩粒度从下往上变细的规律。大北 6、大北 104、吐北 1 等井在新近系库车组钻遇高速砾岩,速度在 5000~6000m/s 之间。连井速度剖面上也有较好的反映。深层砾岩具有厚度大、规模大、速度高的特点。

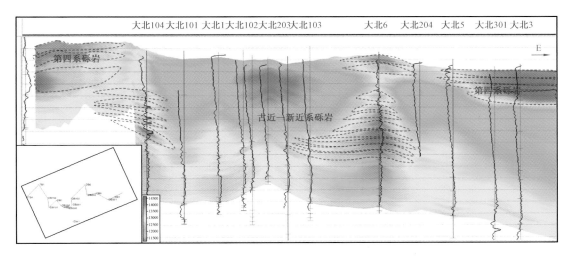

图 3-37   大北地区地震与非地震联合反演连井速度剖面

图 3-38 是工区北部由西到东的联井波阻抗反演速度剖面,从剖面上可以看出,第四系和新近系两套砾岩反映清楚,在井点位置砾岩的特征与测井曲线反映的速度变化特征较为一致。其中第四系砾岩在浅层大北 6 井及以东地区广泛分布,新近系砾岩在大北 6 井以东呈条带状分布,在大北 104 井附近局部分布,多期叠置特征清楚。

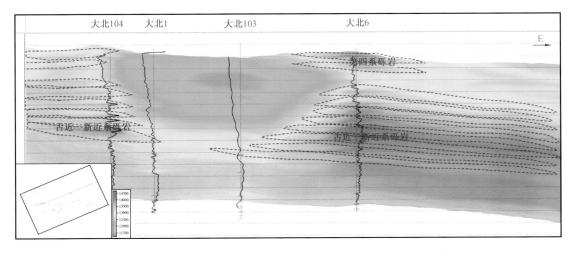

图 3-38   大北地区大北 104 至大北 6 井联井波阻抗反演速度剖面

图 3 - 39 是工区南部由西到东的联井波阻抗反演速度剖面,从剖面上可以看出,第四系砾岩主要分布在大北 204 井、大北 5 井以东地区,并且自东向西减薄。第四系砾岩从井上可以识别出四个期次,其中大北 5 井到大北 204 井之间处在砾岩扇体各期扇端的位置,反映了扇端逐渐推移的现象。在剖面西部各井均未钻遇砾岩,剖面反映了正常地层的速度变化规律,从浅到深速度逐渐增大。

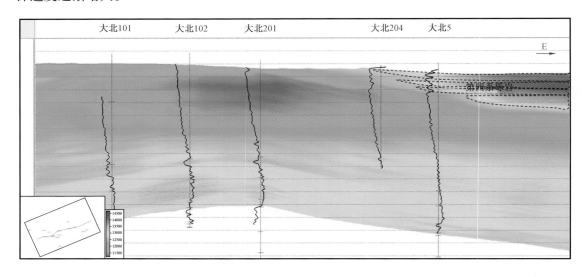

图 3 - 39   大北地区大北 101 至大北 5 井联井速度剖面

通过对大北地区速度的反演,可以得到盐上地层的速度变化规律。图 3 - 40 是反映浅层第四系地层的速度平面图,从图 3 - 40 上可以看出,砾岩在北部及东部广泛发育,正常地层在大北 1 井及以南地区分布,速度分布在 2000 ~ 3000m/s 之间,而浅层具有高速砾岩的地区:吐北 1 井附近以及工区东部大北 6 井、大北 301 井、大北 3 井、大北 5 井速度较高,分布在 3500 ~ 4500m/s 之间,尤其以大北 6 井一带浅层砾岩速度最高。通过对第四系砾岩的卫星照片(图 3 - 41)的分析,工区内可以识别出三个扇体,北部扇体发育在大北 6 井以北,南部扇体发育于大北 3 井周围,西部扇体发育于吐北 4 井与吐北 1 井附近。通过卫片和属性图的叠合表明,卫片扇体的分布和属性预测砾岩的分布形态和范围吻合良好,说明对砾岩层的平面预测是可靠的。

图 3 - 42 是反映新近系库车组地层的反演平均速度图。从平均速度平面图上可以看出,总体上砾岩沿北部断裂呈北东—南西向条状分布,速度规律北部速度高,南部速度低,局部存在一定差异。西南部总体速度较低,主要为泥岩速度的反映,但大北 104 井、大北 1 井附近存在高速砾岩,局部速度较高。东部总体速度较高,大北 6 井一带由于砾岩厚度大,形成局部高速,速度在 5000 ~ 5500m/s 之间。

4. 大北地区砾岩层沉积相分析

大北地区从卫星照片显示,研究区内发育三个冲积扇。这三个冲积扇的形成都是由山间河流冲积而成。从沉积背景上,可以看到相应的沉积洼地。通过对第四系的古地貌研究表明,大北 1 井附近是一个高部位,在大北 3 井附近为沉积低洼部位。在紧靠大北 6 井以北地区,断裂形成的山体比较发育,地貌上处在高部位。山体以北整体处在低部位,西部相对较高。通过古地貌与卫片的叠合表明,这三个沉积低洼部位与第四系发育的冲积扇范围吻合良好。通过

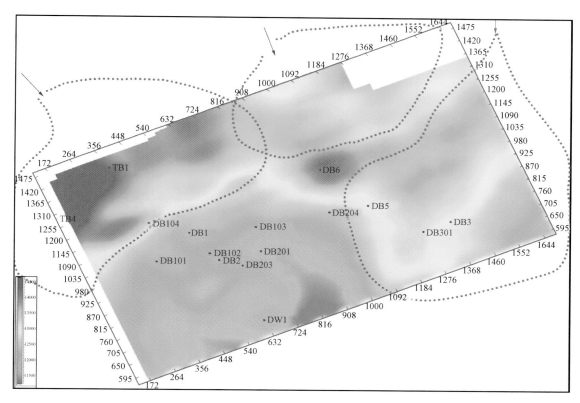

图 3 - 40　大北地区第四系反演平均速度平面图

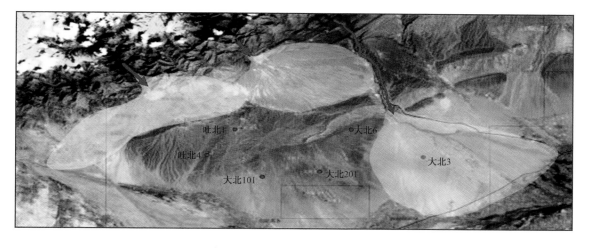

图 3 - 41　大北地区地表卫星照片

卫片、古地貌,以及钻井岩心等的分析认为:大北地区第四系砾岩是间歇性山间洪泛冲积扇沉积模式。这种模式认为:大北地区第四系砾岩是在洪水期,洪水从山里带来大量砾岩,受山下低洼部位控制,局部沉积。这种沉积模式具有多期叠置性,砾岩粒度的粗细受沉积相带控制。在沉积模式分析的基础上,结合钻井岩心分析,在平面上划分了沉积相(图 3 - 43)。在研究区内第四系砾岩没有扇根,只有扇中和扇端。结合速度分析表明:扇中粒度中等,速度在 4000 ~ 4500m/s 之间,扇端粒度较细,速度在 3500 ~ 4000m/s 之间。其余地区为扇三角洲平原相沉积的泥岩,速度在 2500 ~ 3000m/s 之间。

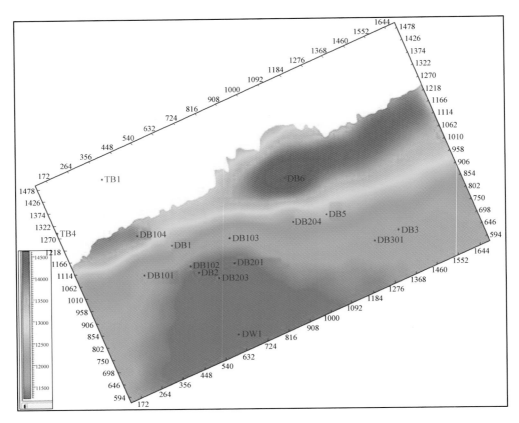

图 3 – 42　大北地区新近系反演平均速度平面图

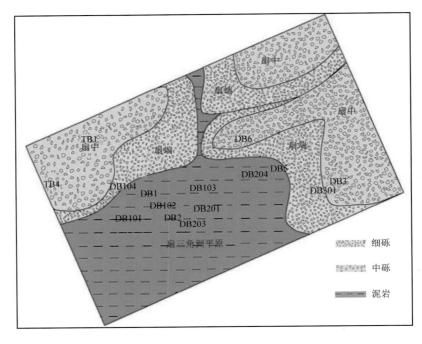

图 3 – 43　大北地区第四系沉积相平面图

大北地区新近系沉积前的古地貌研究表明,研究区南部处于高部位,属于大宛齐隆起,紧靠大北6井以北一带也处于高部位,是断裂持续抬升形成的山体发育区,从而在大北6井、大北104井一带形成了北东—南西走向的呈条带状分布的低洼部位。北部山体在大北6井附近有个山口,是大北6井附近砾岩的泄流区。当山洪爆发的时候,从山里带来大量以砾岩为主的泥石流,由于南部有条带状山体作为隔挡,泥石流只能向东西两侧泄流,从而不断往两侧加积推移。这就是大北地区新近系砾岩的沉积模式:限制性多物源侧向加积扇(图3-44)。这种模式下沉积的砾岩具有多期叠置性,粒度粗细受沉积相带控制的特点。

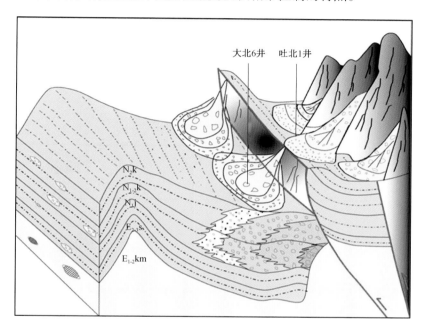

图3-44 大北地区新近系沉积模式图

在上述沉积模式分析的基础上,结合大北6井垂向上岩性的变化特征以及测井曲线特征,可以划分8个沉积旋回,每个旋回间歇期都有薄层泥岩作为标志,岩层粒度由下往上变粗。单井分析结合波阻抗反演的阻抗特征,在波阻抗剖面上可以识别八期扇体(图3-45)。

结合本区纵向和平面的反演属性特征,划分了大北地区新近系砾岩段沉积相平面图(图3-46)。从图上可以看出,研究区内发育大北6井区和大北104井区两个扇体,扇体的沉积亚相可以划分为扇根、扇中、扇端三个亚相。形态上紧靠山体呈北西—南东向分布,近源为扇根,粒度较粗,厚度最大,介于1800~2800m之间;扇中在南部由于受地貌限制,呈窄带状分布,粒度中等,厚度减薄,介于1000~1800m之间,并且在大北104与大北6之间两个扇体扇中相互叠置;扇端表现为和扇中同样的分布特征,粒度较细,厚度较薄,介于0~1000m之间。砾岩发育区以南为扇三角洲平原亚相,岩性主要为泥岩。

通过对砾岩各个期次速度、厚度、沉积亚相的细化研究,发现各期砾岩具有以下特点:厚度上,第三期砾岩和第八期砾岩厚度较大,厚度在500m左右,其余各期砾岩厚度大致相当,在220~350m之间;平面展布上,由下往上范围逐渐变小,其中以第三期发育范围最广;速度上,从第一期到第八期速度由下往上减小,由扇根往扇端速度减小。各期砾岩表现的这些规律与实际地质规律吻合较好。

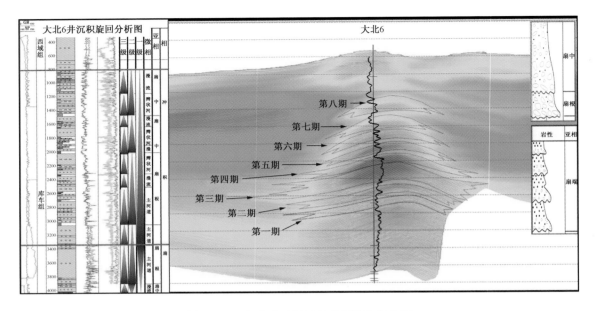

图 3 – 45　大北地区新近系砾岩期次划分图

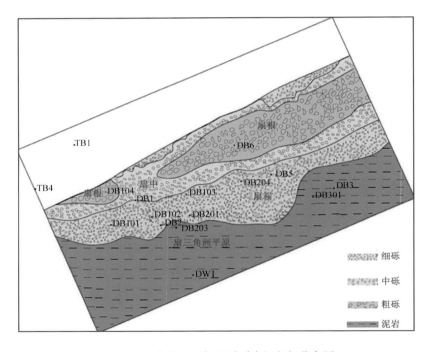

图 3 – 46　大北地区新近系砾岩沉积相分布图

二、地震属性分析

库车地区不同年份所采集地震资料品质差异大,各区块三维地震资料采集年限、处理参数不同。这其中 2012 年度采集的博孜区块三维地震资料品质最好、信噪比最高,是常规地震属性分析最合适的区块。

1. 博孜 1 井井震分析

通过对博孜 1 井的井震标定分析,发现本区砾岩在吉迪克组及其以上地层中发育,分布厚度特别大,沉积范围特别广。根据这一认识,将博孜三维地震区扇体沉积划分出了五期(图 3-47),在此基础上,结合精细的地震解释,对这五期沉积的砾岩层分段进行了地震相的研究。

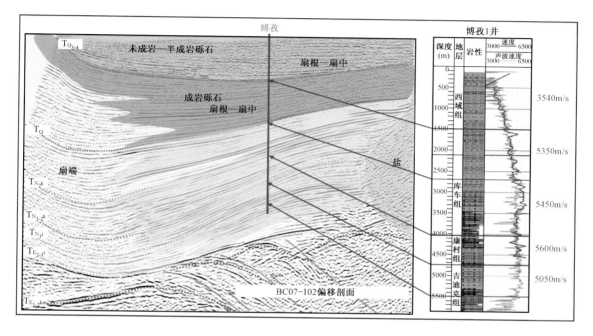

图 3-47 博孜 1 井井震速度标定图

2. 地震相分析

三维地震数据体由无数的单个地震道组成,在特定的层段,地震道的种类也有很多,但是对应相似的岩性岩相,地震道也具有相似性。通过对目的层段的所有地震道进行波形聚类分析,以神经网络计算原理,运用无限逼近的原则,按照地质上沉积相的种类对应地震道波形数量的方法,即可划分出本区地震相。

博孜三维地震区吉迪克组沉积对应地震反射层 T_{N1j}—T_{N1-2k} 之间的地震波组,分析这两层之间的地震相平面图,红黄色等暖色调为平行反射强振幅高连续地震相,对应着冲积扇的扇根到扇中部位,绿色、浅蓝色为弱平行反射中强振幅中等连续地震相,对应扇三角洲扇端部位,蓝色为正常地层沉积(图 3-48)。

博孜三维地震区康村组沉积对应地震反射层 T_{N1-2k}—T_{N2k} 之间的地震波组,分析这两层之间的地震相平面图,红黄色等暖色调为平行反射强振幅高连续地震相,对应着扇三角洲扇根到扇中部位,绿色、浅蓝色为弱平行反射中强振幅中等连续地震相,对应扇三角洲扇端部位,蓝色为正常地层沉积(图 3-49)。

博孜三维地震区库车组沉积对应地震反射层 T_{N2k}—T_{V3} 之间的地震波组,分析这两层之间的地震相平面图,红黄色等暖色调为平行反射强振幅高连续地震相,对应着冲积扇扇根到扇中

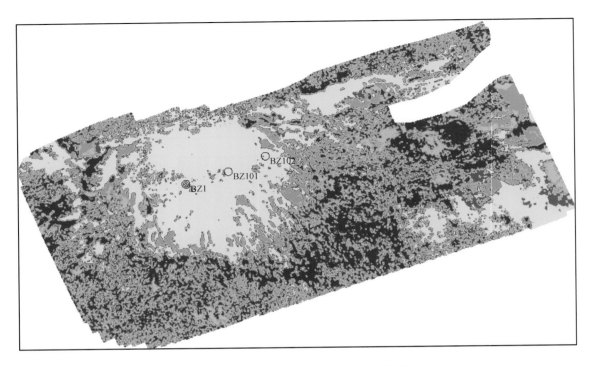

图 3 - 48　博孜三维地震区吉迪克组地震相图

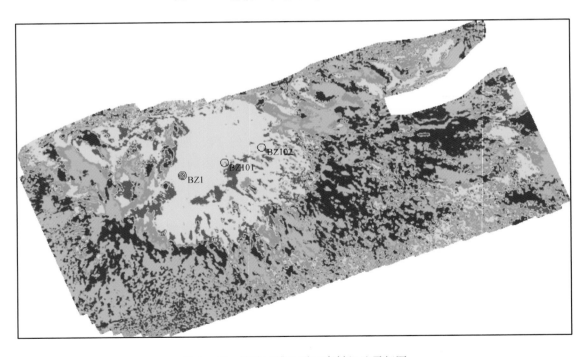

图 3 - 49　博孜三维地震区康村组地震相图

部位,绿色、浅蓝色为弱平行反射中强振幅中等连续地震相,对应冲积扇扇端部位,蓝色为正常地层沉积(图 3 - 50)。

　　西域组相对较新,地层受压实作用和成岩作用相对较弱,因此在地震反射中的响应要略

图 3 - 50　博孜三维地震区库车组地震相图

弱。博孜三维地震区西域组沉积对应地震反射层 T_{V_3}—T_{V_2} 之间的地震波组,分析这两层之间的地震相平面图,红黄色等暖色调为平行反射强振幅高连续地震相,对应着冲积扇扇根到扇中部位,绿色、浅蓝色为弱平行反射中强振幅中等连续地震相,对应冲积扇扇端部位,蓝色为正常地层沉积(图 3 - 51)。

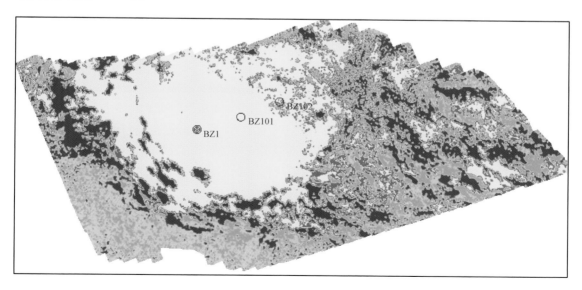

图 3 - 51　博孜三维地震区西域组地震相图

全新统比较新,地层受压实作用和成岩作用弱,基本未固结成岩,地层结构较松散,因此在地震反射中的响应要弱,同时由于处于地表,受采集和处理方法影响大,本段地震反射并不能真实反映地下地震特征。本区全新统沉积对应地震反射层 T_{V_2}—T_{V_1} 之间的地震波组,分析这两层之间的地震相平面图,红黄色等暖色调为大致反映了冲积扇体的形态,受河流等沉积环境影响,有向西摆动的特征(图3－52)。

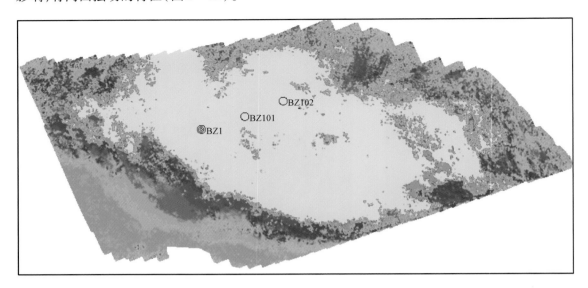

图3－52　博孜三维地震区全新统地震相图

第五节　砾岩体年代地层学雕刻技术

砾岩体年代地层学雕刻技术是以高分辨率层序地层理论为核心理论,以年代地层自动追踪技术和 Wheeler 域变换技术为关键技术,以地震沉积学研究方法为指导的地震地质一体化砾岩体精细雕刻技术。该技术根据年代地层相反射特征,利用年代地层剖面结合地震资料实现对砾岩层的空间精细雕刻。

研究思路主要包括如下几个步骤:(1)构筑年代地层格架:井震结合进行层序划分,层位追踪建立年代地层格架。(2)Wheeler 域剖面体系域分析:利用 Wheeler 域体进行沉积旋回及沉积体系域研究。(3)砾岩层精细雕刻:年代地层剖面与地震剖面叠合,进行冲积扇亚相及砾岩层顶、底解释,确定砾岩平面分布范围;结合地层反演及属性研究成果,得到砾岩沉积相平面图;由体系域研究成果、砾岩平面分布及沉积相平面图结合,综合分析砾岩成因及控制因素。

一、砾岩层年代地层格架

构筑年代地层格架分为两个步骤,首先通过钻井资料和井震剖面结合,进行三级地层层序划分,建立层序地层格架;然后自动追踪三级层序界面之间的多个年代地层同向轴,最终构筑年代地层格架。

1. 层序地层格架建立

层序级次划分实质就是对构造运动特征及不整合面级别的识别与划分。不同级别层序地层界面的识别是进行层序划分及建立层序地层格架的基础。层序界面的识别标志很多,但是这些识别标志中最可靠最易操作的识别标志是岩心岩相标志、测井标志、地震反射界面标志，另外古生物标志、地球化学指标也可以作为层序界面的辅助识别标志。

1）层序界面的识别标志

地震剖面的标志，地震层序划分是根据地震反射波终止关系识别不整合面和与其相应的整合面。不整合面的存在是划分层序的直接标志。地震反射同相轴有几种接触关系：上超、下超、削截和顶超，这些反射特征都标志着界面的存在。

地震剖面上最直观的识别标志有：削截或冲刷充填等造成的不整合；地层沉积上超造成的不整合；底超和顶超；强振幅反射同相轴所显示的上下地层的截然差异等。

层序界面的测井响应特征，由于该区仅有 14 口探井，其分布位置不能覆盖全区整体范围，因此用测井响应特征识别整个工区层序界面特征较为困难，但对井位附近的层序界面识别具有指导意义。

（1）当层序界面为不整合面或较大沉积间断面时，在测井曲线上层序界面位于基值明显改变的转折点上。利用声波时差测井资料识别层序界面，声波时差曲线在不整合界面处呈折线变化。

（2）当层序界面位于低位扇底部时，在测井曲线上层序界面位于加积的"箱状"或退积正旋回"钟形"自然伽马曲线底部。

（3）当层序界面位于高位体系域发育的进积型界面时，在测井曲线上层序界面位于反映加积或退积的正旋回和反映进积的反旋回自然伽马之间。

2）一级层序划分

一级层序界面是由古构造运动、构造应力场转换或大的湖平面下降造成的大规模盆地范围的不整合界面，常代表盆地基底面或盆地收缩时的古风化剥蚀面。大北三维地震区盐上浅层一级层序即新近纪以来沉积的地层，包括新近系吉迪克组（N_1j）、康村组（$N_{1-2}k$）、库车组（N_2k）以及第四系（Q）。层序地质、地球物理特征分别如下。

（1）地质特征：大北地区吉迪克组（N_1j）和康村组（$N_{1-2}k$）以扇三角洲前缘亚相为主，康村组砾岩层仅在大北地区北端发育。库车组（N_2k）沉积时期，本区构造活动开始增强，北部物源增多，而且湖盆持续萎缩，形成的冲积扇多期继承性发育。第四系（Q）沉积时期，库车坳陷的构造活动急剧增强，南天山不断隆升遭受剥蚀，此时湖盆彻底消失，大北地区发育冲积扇—冲积平原沉积体系。

（2）地球物理特征：吉迪克组（N_1j）与上覆康村组和下伏苏维依组均为整合接触关系。吉迪克组下部岩性稳定，其底界与下伏苏维依组之间在地震剖面上为一强反射同相轴。在地震剖面上，吉迪克组层序为中高频，较连续反射，整个吉迪克组层序在地震上分布比较稳定，地震反射轴变化较小，东西向不发育强烈发散或者收敛的特征。

康村组（$N_{1-2}k$）底界在地震剖面上为强轴，康村组与吉迪克组的波组特征差异明显。康村组为一套中低频、中厚层较连续的反射，与下部吉迪克组层序一样，地震反射同相轴特征变化小，厚度稳定（图 3 - 53）。

库车组（N_2k）下部反射相对较弱，在地震剖面上其底界以康村组顶部最后一个强轴为界。库车组为一套高频、薄层、变振幅、断续反射。库车组层序的厚度在横向上变化较大（图 3 - 53）。

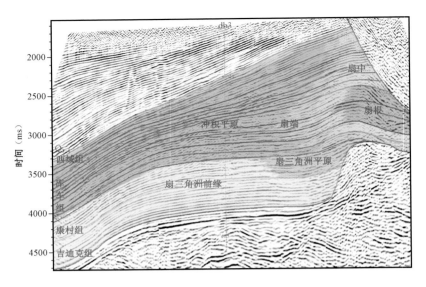

图 3 - 53 大北三维地震主测线 1376 层序界面反射特征

第四系西域组（Q_1x）与下部新近系库车组为不整合接触,其内部为强振幅连续性好,局部见削截和下超终止关系,常呈楔形;上部的第四系 $T_{Q_{3-4}}$ 层序在凹陷边部为杂乱反射(图 3 - 53)。

3)二级层序划分

依据钻井资料和地震剖面上具有明显的界面特征,对库车组层序进行了进一步细化,划分为 5 个二级层序(表 3 - 4):Liyan0、Liyan1、Liyan2、Liyan3、Liyan4(图 3 - 54a)。

表 3 - 4 大北地区浅层层序划分表

地层	层序划分			沉积体系
	一级	二级	三级	
Q_{3-4}	$T_{Q_{3-4}}$			冲积扇、泛滥平原
西域组	T_{Q_1x}			冲积扇、泛滥平原
库车组	T_{N_2k}	Liyan0	Liyan0 - 1	冲积扇、泛滥平原
			Liyan0 - 2	冲积扇、泛滥平原
		Liyan1	Liyan1 - 1	冲积扇、泛滥平原
			Liyan1 - 2	冲积扇、泛滥平原
			Liyan1 - 3	冲积扇、泛滥平原
		Liyan2	Liyan2 - 1	冲积扇、泛滥平原
			Liyan2 - 2	冲积扇、泛滥平原
			Liyan2 - 3	冲积扇、泛滥平原
		Liyan3	Liyan3 - 1	冲积扇、泛滥平原
			Liyan3 - 2	冲积扇、泛滥平原
		Liyan4	Liyan4 - 1	冲积扇、泛滥平原
			Liyan4 - 2	冲积扇、泛滥平原
康村组	$T_{N_{1-2}k}$			扇三角洲
吉迪克组	T_{N_1j}			扇三角洲

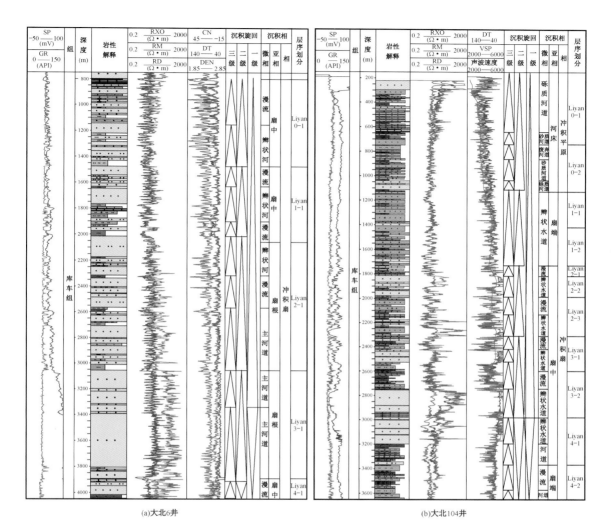

图 3 - 54　大北 6 井和大北 104 井层序划分图

4)三级层序划分

为了进行砾岩层的精细刻画,对库车组 5 段砾岩层进一步划分为 12 个小层(表 3 - 4):
Liyan0 - 1、Liyan0 - 2、Liyan1 - 1、Liyan1 - 2、Liyan1 - 3、Liyan2 - 1、Liyan2 - 2、Liyan2 - 3、Liy-
an3 - 1、Liyan3 - 2、Liyan4 - 1、Liyan4 - 2(图 3 - 54b 和图 3 - 55)。小层划分原则:

(1)尽可能使一个小层内只包含一期冲积扇;

(2)小层厚度大于一个地震波同相轴的厚度,保证小层在地震剖面上可追踪。

5)层位标定及构造解释

由于大北三维有二套地震数据体,利用时间域地震剖面,进行层位标定,在层位标定的基
础上,本次对 T_6、T_5、T_3、库车组 12 个小层及第四系西域组分别在时间域剖面和深度域剖面上
都进行了对比追踪,利用深度域解释结果,做出本区 T_3、T_5、T_6 和库车组 12 个小层的构造图,
从构造图可以看出库车组从底面到顶面有很强的继承性,北部为孜玛扎断裂,中西部为一完整
背斜,高点位于大北 4 井附近(图 3 - 56 至图 3 - 59)。

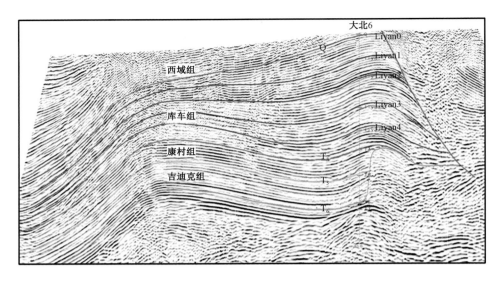

图 3-55 大北三维地震区主测线 1056 层序划分

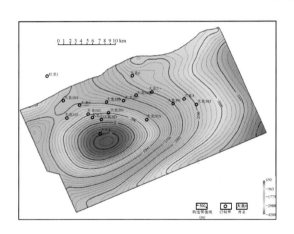

图 3-56 库车组四段 1 小层构造图

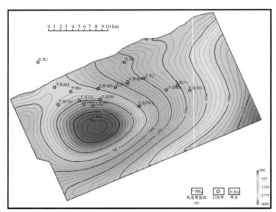

图 3-57 库车组三段 1 小层构造图

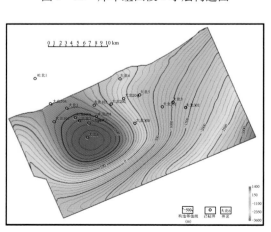

图 3-58 库车组二段 1 小层构造图

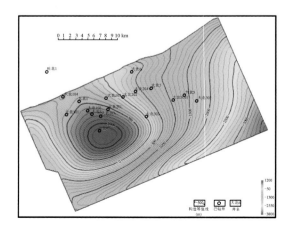

图 3-59 库车组一段 1 小层构造图

6)地层厚度分布特征

对新近系吉迪克组、康村组、库车组五段及第四系分别利用叠前深度偏移资料的追踪结果,用层位的底面减去顶面,即可得到该层的厚度图。第四系用库车组顶面减去地面高程就可得到其地层厚度。

吉迪克组、康村组地层厚度变化较小,说明吉迪克组沉积时期,构造活动还不是十分强烈,库车坳陷整体比较稳定,发育扇三角洲—湖泊沉积体系(图3-60和图3-61)。

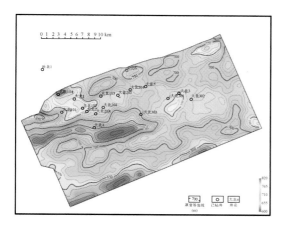

图3-60　大北三维地震区吉迪克组地层厚度图

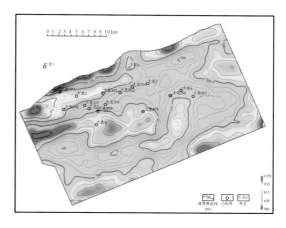

图3-61　大北三维地震区康村组地层厚度图

库车组和第四系地层厚度在东西向变化较大,说明在该时期构造活动急剧增强,在该时期包括研究区在内的整个库车坳陷广泛发育冲积扇沉积,湖盆萎缩,而且由于构造挤压的程度不同,使得坳陷内东西向各个地区地层发育差异较大。

库车组四段沉积时期,沉积中心在西部大北101井一带(图3-62)。

库车组三段沉积时期,沉积中心向西转移,移至大北6井一带(图3-63),正是在这一时期,本区发育了巨厚的砾岩层。

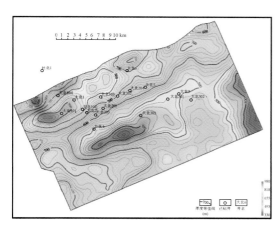

图3-62　大北三维地震区库车组四段地层厚度图

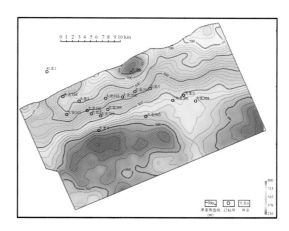

图3-63　大北三维地震区库车组三段地层厚度图

库车组二段沉积时期,继承了库车组三段的沉积体系,沉积中心在大北6井一带(图3-64)。

库车组一段沉积时期,沉积中心继续向西转移,移至大北6井东一带(图3-65)。

库车组零段沉积时期,沉积中心继续向西转移(图3-66)。

第四系沉积时期,北部持续抬升遭受剥蚀,沉积中心向西南转移,冲积扇范围向西向南发育(图3-67)。

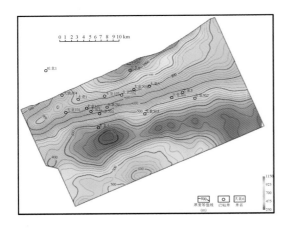

图3-64 大北三维地震区库车组二段地层厚度图

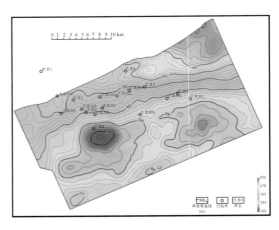

图3-65 大北三维地震区库车组一段地层厚度图

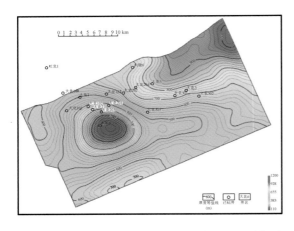

图3-66 大北三维地震区库车组零段地层厚度图

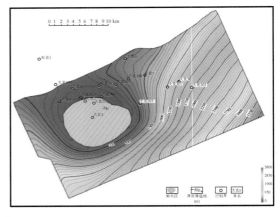

图3-67 大北三维地震区 Q_{3-4} 地层厚度图

2. 年代地层格架构筑

在地震剖面上对这些层序进行追踪的基础上,自动追踪这些层序界面之间的多个年代地层同相轴,就可得到年代地层剖面(图3-68)。

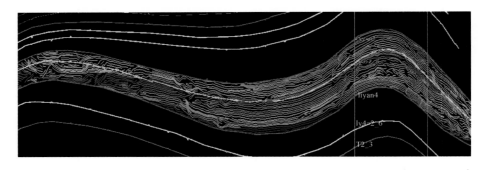

图3-68 三级层序界面控制年代地层格架

二、砾岩层 Wheeler 域剖面体系域分析

体系域是指一系列同期沉积体系的集合体,而沉积体系是指具有成因联系的沉积相的三维空间组合。因此体系域是一个三维沉积单元,体系域的边界可以是层序的边界面、最大湖海泛面、首次湖泛面。可以通过地震反射终止关系,如消蚀、顶超、上超、下超,以及沉积相的组合系列、体系域内部几何形态来识别体系域类型。

优选精细刻画地震剖面反射特征的年代地层剖面,转化为 Wheeler 域,在对 Wheeler 域分析研究的基础之上就可以完成比较可靠的体系域解释。以此为基础再进一步建立年代地层格架和分析研究沉积相。

从图 3-69 可以看出,吉迪克组和康村组沉积时期,沉积物主要是扇三角洲—滨浅湖沉积,显示出边沉降边沉积的盆地充填特征,沉积物沉积速率和盆地沉降速率基本均衡,为加积过程。

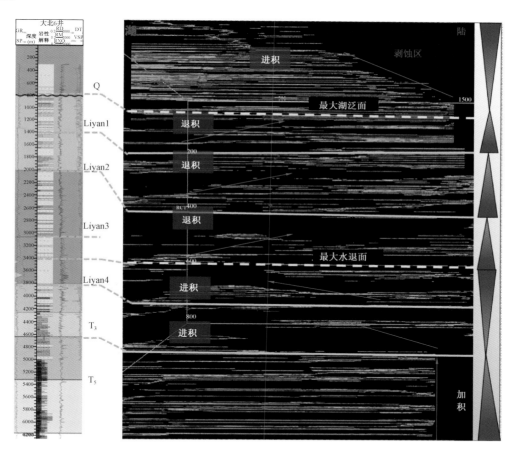

图 3-69　大北 6 井附近主测线 1376 体系域分析图

库车组早期开始,冲积扇逐渐向盆地进积,反旋回特征明显;库车组中晚期,冲积扇表现为退积,其规模也向坳陷边缘减小。

到第四系新的旋回开始,构造活动强烈,北部持续抬升,遭受剥蚀,再次发育进积反旋回层序。

三、砾岩层精细雕刻

砾岩层精细雕刻主要分为以下几个步骤:首先,通过年代地层剖面与地震剖面叠合,进行冲积扇亚相及砾岩层顶、底面解释,确定砾岩平面分布范围;结合地层反演及属性研究成果,得到砾岩沉积相平面图;由体系域研究成果、砾岩平面分布及沉积相平面图结合,综合分析砾岩成因及控制因素。

1. 砾岩层顶底界面识别

研究区砾石层具有多期继承性,大北6井的冲积扇自库车组就开始发育,随层位变浅,沉积范围不断变大,砾石层也不断向盆地内部推进,同一物源的多期冲积扇砾石层相互叠加,形成了现今巨厚的砾石层。

由于纵向上具有继承性,因此,在扇根和扇中部位,前一期冲积扇的顶也即为下一期冲积扇的底。

由于每期冲积扇都是从粗到细的正旋回,冲积扇的扇端部位是底平顶凸,顶面尖灭到底界面上(图3-70)。这样即可确定每期砾岩的顶界面和底界面。

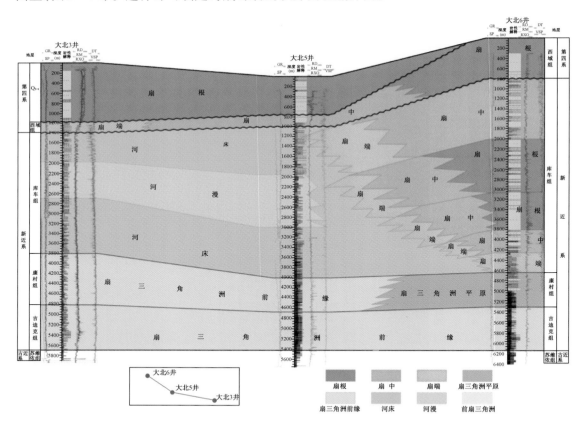

图3-70 第四系砾岩层大北3井—大北6井沉积相剖面图

2. 年代地层剖面识别与划分沉积相亚相

一般来说,扇根在地震剖面上表现为弱振幅杂乱反射,扇根较厚;扇中反射相对平稳为强振幅连续性好的平行反射,厚度较薄;扇端下超到底面上,厚度最薄(图3-71)。

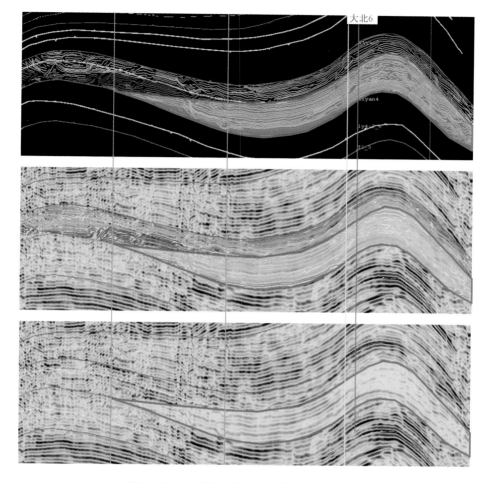

图 3 - 71　年代地层剖面识别划分冲积扇亚相

从年代地层剖面上扇根为杂乱相;扇中为反射相对平行的年代地层线,厚度较薄;扇端下超到底面上,厚度最薄(图 3 - 71)。

3. 砾岩层分布特征

按一定间隔对联络测线和主测线进行冲积扇解释,建立了砾岩层发育的剖面图,整体上东部地区砾岩层规模大于西部地区。库车组砾岩层集中在西部大北 104 井和东部大北 6 井两个井区,西部地区砾岩层的规模远小于东部地区,第四系的砾岩层则主要发育在东部大北 3 井区(图 3 - 72 和图 3 - 73)。

大北地区砾岩层的展布特征受控于沉积相的发育。从联络线年代地层剖面上可以看出,库车组发育 4 个冲积扇体系(图 3 - 74),西部吐北 4 井和吐北 1 井组成一个体系,中部大北 103 井北部一个体系,东部大北 6 井东北部一个体系,大北 3 井北一个体系。4 个体系都由多个扇体组成,其中大北 6 井东体系规模最大。

4. 砾岩层范围确定

按一定间隔对年代地层剖面追踪出来的砾岩层顶底界面的追踪结果,利用每期冲积扇的底面减去顶面,做出该期冲积扇的砾岩层厚度图。

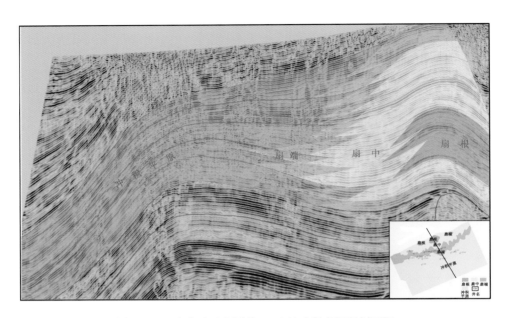

图 3 - 72　大北地区主测线 1056 的冲积扇解释剖面图

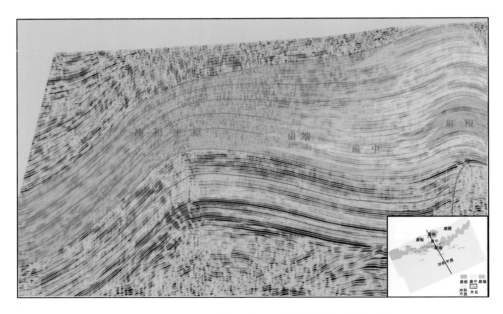

图 3 - 73　大北地区主测线 1024 的冲积扇解释剖面图

　　库车组三段沉积时期,是本区构造活动最为剧烈,也是本区冲积扇发育范围最大,分布最广,粒度最粗的时期,共发育 4 大冲积扇体系(图 3 - 75)。

　　从各小层砾岩层厚度图来看,库车组发育 4 个冲积扇体系:西部吐北 4 井和吐北 1 井组成一个体系;中部大北 103 井北部一个体系;东部大北 6 井东北部一个体系;大北 3 井北一个体系。4 个体系都由多个扇体组成,其中大北 6 井东体系规模最大(图 3 - 75 和图 3 - 76a)。

　　库车组冲积扇在库车组沉积早期范围较小,随着北部构造抬升的影响,冲积扇范围不断扩大,在库车组三段 2 小层沉积时期冲积扇范围最大,之后冲积扇的范围不断缩小,到库车组二

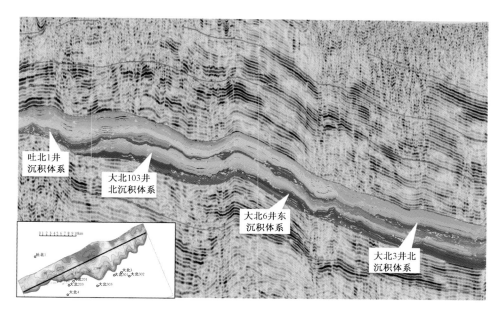

图 3 - 74 联络线 1164 年代地层剖面图

段 2 小层沉积时期,冲积扇体系分化明显,北部吐北 1 井沉积体系进一步缩小,在平面上和东部的沉积扇不能连片。在库车组一段 1 小层沉积时期,西部吐北 1 井冲积扇体系不在发育,成为冲积平原(图 3 - 76b)。

5. 砾岩层沉积相平面分布特征

通过多条剖面沉积亚相的解释结果,确定每条测线的扇根、扇中、扇端,投到平面图上,做出每个小层的沉积相平面图。

吉迪克组的物源方向来自北部山前带。由于此时湖盆较大,因此冲积扇直接入湖,形成了扇三角洲—滨浅湖沉积体系(图 3 - 77)。

康村组与吉迪克组一样,康村组的物源方向来自北部山前带,基本上是继承了吉迪克组的沉积体系,冲积扇前方的扇三角洲沉积也向前推进,使得湖盆逐渐缩小,本区主要发育扇三角洲沉积体系(图 3 - 78)。

库车组沉积时期,库车坳陷的构造活动开始增强,北部物源增多,形成的冲积扇连片分布,而且湖盆持续萎缩,研究区广泛发育冲积扇和冲积平原。

库车组沉积早期,范围较小,库车组四段 2 小层沉积时期冲积扇开始发育,且范围不断扩大,该时期大北 103 北体系最为发育(图 3 - 79)。

库车组三段沉积时期是本区构造活动最为剧烈的时期,也是本区冲积扇发育范围最大、分布最广、粒度最粗的时期。这一时期同时发育 4 大冲积扇沉积体系(图 3 - 80)。扇端发育含砾砂岩和砂砾岩,扇中发育小砾岩和细砾岩,扇根发育中砾岩和粗砾岩。

库车组二段沉积时期,继承了库车组三段沉积时期的沉积环境,冲积扇范围开始逐渐缩小(图 3 - 81)。

库车组一段沉积时期,冲积扇范围继续缩小(图 3 - 82)。库车组一段 3 小层沉积时期,冲积扇体系分化明显,北部吐北 1 井沉积体系进一步缩小,在平面上和东部的沉积扇不能连片。

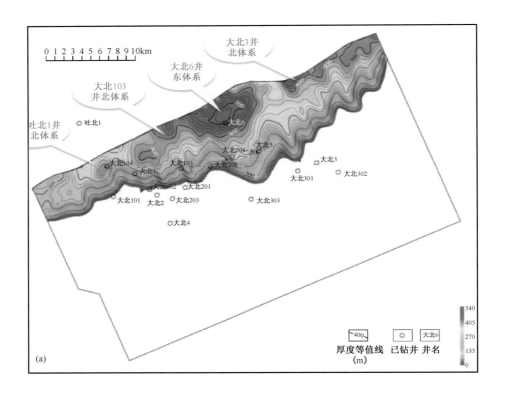

(a)

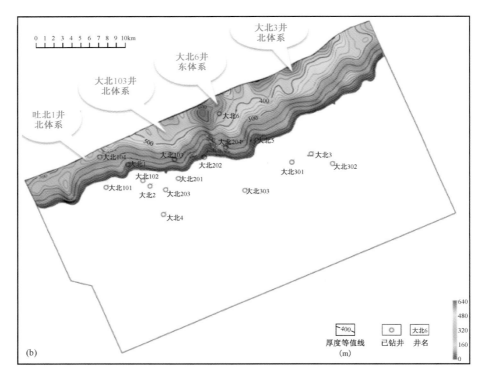

(b)

图 3 - 75　库车组三段 2 小层砾岩层厚度图

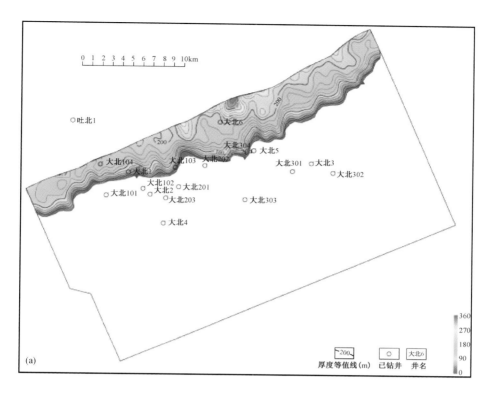

(a)

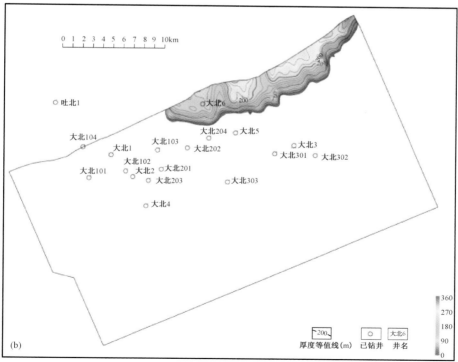

(b)

图 3-76 库车组二段 2 小层砾岩层厚度图

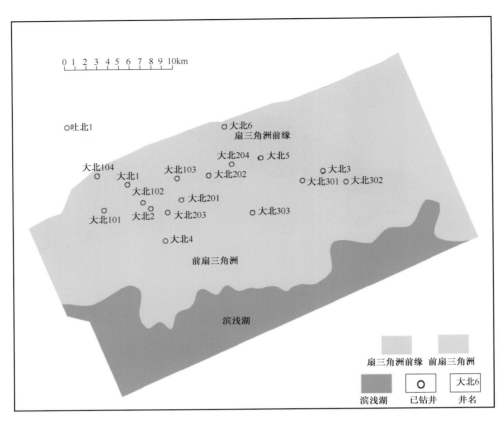

图 3 - 77 吉迪克组沉积相图

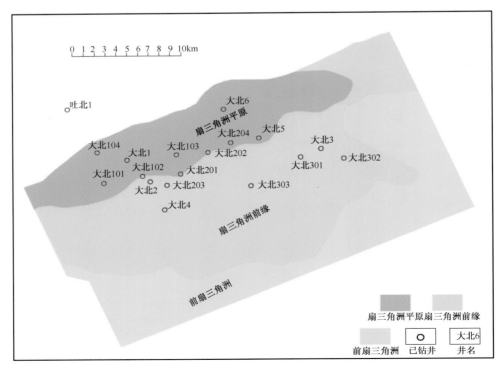

图 3 - 78 康村组沉积相图

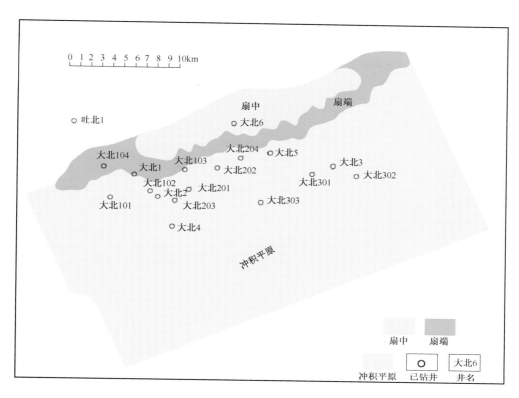

图 3 – 79　库车组四段 2 小层沉积相图

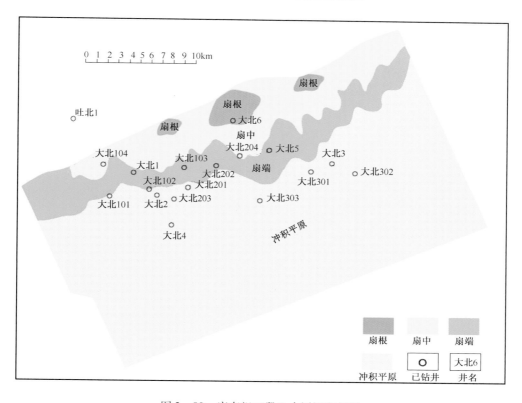

图 3 – 80　库车组三段 2 小层沉积相图

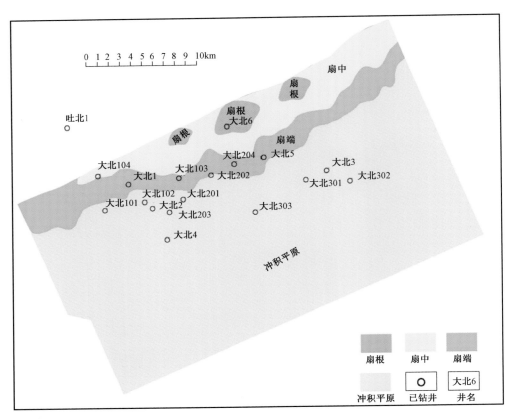

图 3 – 81 库车组二段 3 小层沉积相图

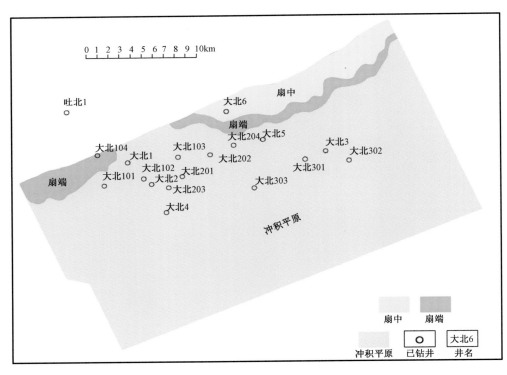

图 3 – 82 库车组一段 3 小层沉积相图

第四系沉积时期,库车坳陷的构造活动急剧增强,南天山不断隆升遭受剥蚀,特别是西域组沉积后期,湖盆彻底消失,库车坳陷发育冲积扇—冲积平原体系(图3-83)。北部山前带广泛遭受剥蚀,提供充足的物源,冲积扇十分发育,冲积扇延伸较远。

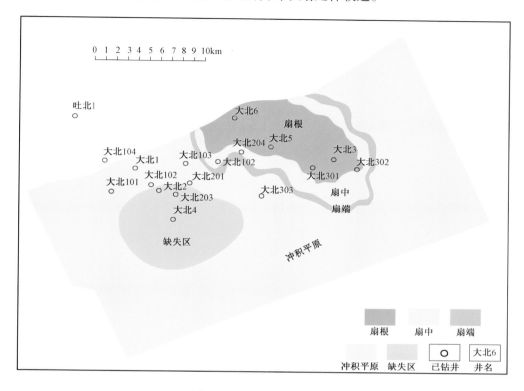

图3-83 西域组沉积相图

第四章　新生界砾岩层沉积模式与分布特征

第一节　砾岩层物源体系

通过不同层系砾岩层砾石大小和成分的观察,详细分析其变化规律,进行砾岩层物源体系的划分。

一、不同物源区的砾石大小

总体上,本区砾石有以下三个大小分布特征:单物源体系的砾石,顺物源方向粒度逐渐减小;多物源体系的砾石,主流河道粒度大,支流河道粒度小;纵向上各层系的砾石组成反韵律。图4－1是库车河现代冲积扇的素描图,可以发现自扇根到扇端砾石颗粒是不断变小的,这与其他野外露头的特征不谋而合(图4－2)。库车坳陷的冲积扇物源主要来自于几大水系,从西部的木扎尔特河,到中部的卡普沙良河、克拉苏河等,这几大水系形成的冲积扇,从扇根—扇端的砾石大小都是呈减小趋势,而且木扎尔特河和卡普沙良河西域组冲积扇的扇根和扇端砾石大小差距可以达到几十倍甚至上百倍,扇根的砾石普遍是粗砾(含巨砾和中砾),而扇中以中砾为主,到扇端主要发育小砾岩—细砾岩。克拉苏河 Q_{3-4} 现代冲积扇的特征也是如此,山间河道的砾石普遍较大,而扇中和扇端分别过渡到了中砾和细砾。

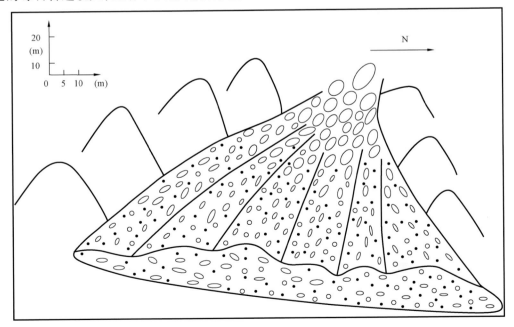

图4－1　库车河现代冲积扇素描图

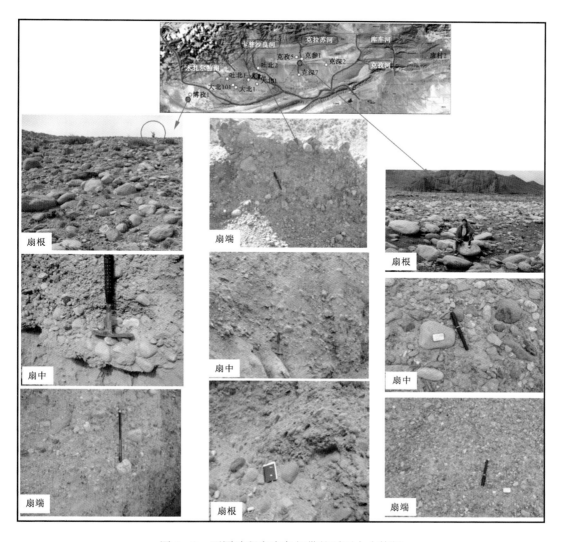

图 4 - 2 不同冲积扇内各相带的砾石大小特征

　　另外,库车坳陷山前水系发育,有时候会在同一地方形成多物源的冲积扇叠加,这里的砾石就有大小差异。其中主流河道由于物源充足,水体能量大,携带能量强,砾石粒度大;而支流河道由于物源较少,而且水体能量小,因此形成的砾石粒度较小(图 4 - 3)。

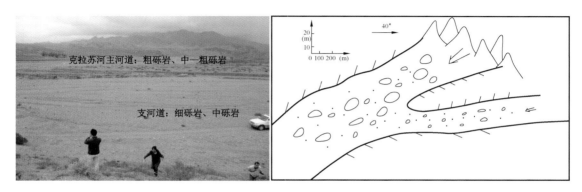

图 4 - 3 克拉苏河主河道和分支河道砾石粒度差异

而各层系之间,由于库车坳陷后期构造活动强烈,使得后期冲积扇发育,因此,无论是哪个水系的沉积物,在相同位置,自下而上砾石颗粒都是不断变大的(图4-4)。

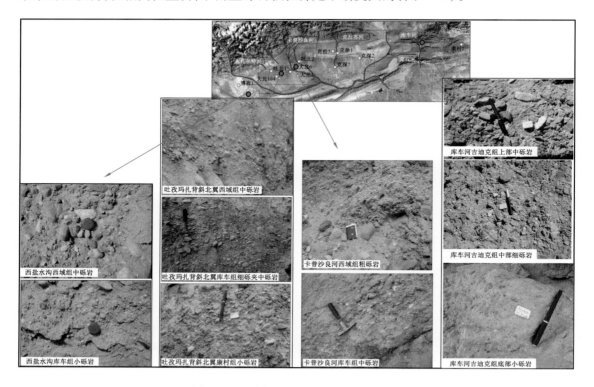

图4-4　不同层系砾石的大小变化特征

二、不同物源区的砾石成分

库车坳陷砾石的成分分布特征与砾石的大小分布特征类似。平面上,不同水系砾石成分具有分区性,既有共性、也有差异,且井下与野外结论一致。例如石英岩、石灰岩及白云岩等岩性的砾石,在各个水系都有分布(图4-5)。

整体上,相同地区库车组以下的砾石成分简单,向上成分复杂化,表现在火山岩、变质岩砾石增多;相同层系,西部博孜—大北地区砾石成分较克拉—康村地区复杂(图4-6)。吉迪克组砾石细,为中—细砾石,成分单一,以石灰岩、白云岩和石英岩为主;自西向东粒度变小,石英岩砾石增多。康村组砾石粒度比吉迪克组略粗,成分变多,出现火山岩角砾岩和安山岩及少量千枚岩砾石,石灰岩、白云岩相对减少。而库车组开始砾石成分复杂,新出现了片麻岩、花岗岩、辉长岩等砾石。上部的西域组与Q_{3-4}组砾石成分比库车组更复杂。

在同一期次扇体内,扇根的成分复杂,向扇端变单一(图4-7)。吐孜玛扎背斜北翼西域组的砾岩成分复杂:砂岩、石灰岩、安山岩、白云岩、花岗岩、千枚岩等,而向背斜南翼,砾石成分较为简单,安山岩占80%,其次为少量花岗岩、玄武岩、辉绿岩。

吉迪克组砾石成分较为简单,以石英岩、白云岩和石灰岩为主,成分分布具有分区的特征:博孜地区主要成分为石灰岩、白云岩、石英岩砾石,以石灰岩砾为主;大北地区成分较为简单,以石灰岩和白云岩为主;克参1井区,砾石成分较复杂,燧石、千枚岩和石灰岩含量较

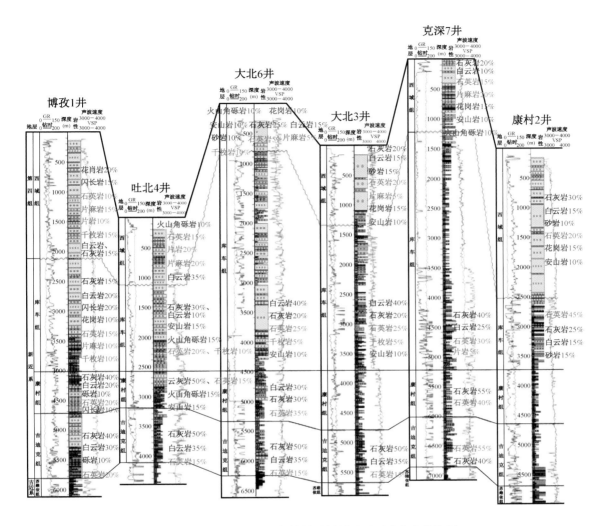

图4-5 库车坳陷东西向钻井不同层系砾石成分变化特征

少,以石英岩含量最多,占到了70%;克深1井区,砾石成分单一,以石英岩和石灰岩砾为主(图4-8)。

康村组砾石成分较为简单,博孜地区主要成分为石灰岩、白云岩、闪长岩、石英岩砾石,以石灰岩砾为主。大北地区成分较吉迪克组复杂,且出现了南北成分分布差异,吐北4井出现了少量的变质岩砾,以石灰岩和白云岩砾为主,南部大北6井区,砾石成分以白云岩、石灰岩和石英岩为主。克参1井区,砾石成分较多,燧石、千枚岩和石灰岩含量较少,以石英岩砾最多,占到了70%。克深1井区砾石成分单一,以石英岩和石灰岩砾为主(图4-9)。

库车组砾石成分较为复杂,具有砾石岩性种类多、不同地区成分差异大的特征。博孜地区北部成分最为复杂,不同成分砾石的百分比含量相差不大,火成岩、沉积岩和变质岩均有。博孜南部地区砾石成分以火成岩和变质岩为主。吐北4井区,砾石成分以石英岩、千枚岩、白云岩、石灰岩、火山角砾岩和安山岩为主,大北6井白云岩砾含量最高。克深地区以石英岩和石灰岩砾为主。康村2井区砾石主要成分为石英岩和石灰岩(图4-10)。

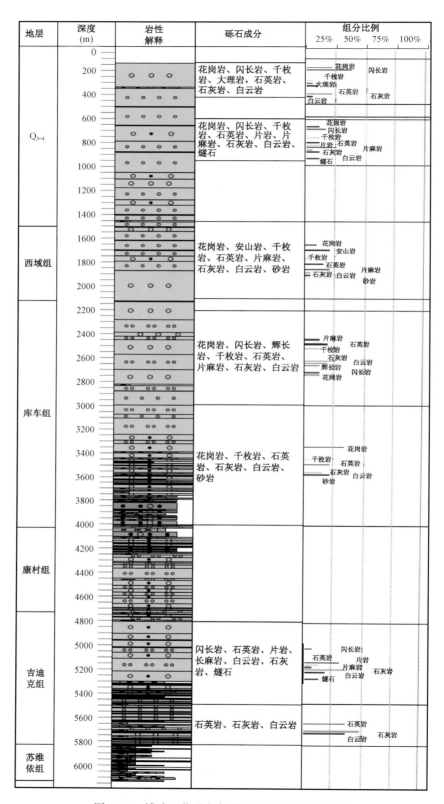

图 4 - 6　博孜 1 井垂向各层系砾石成分变化特征

图 4 - 7　吐孜玛扎背斜西域组砾石成分特征

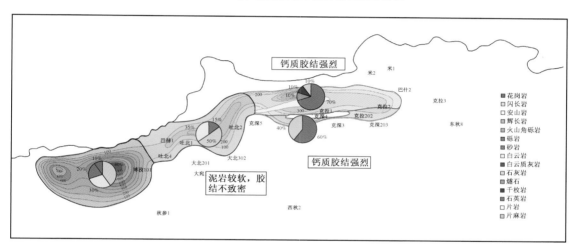

图 4 - 8　吉迪克组砾石成分分布图

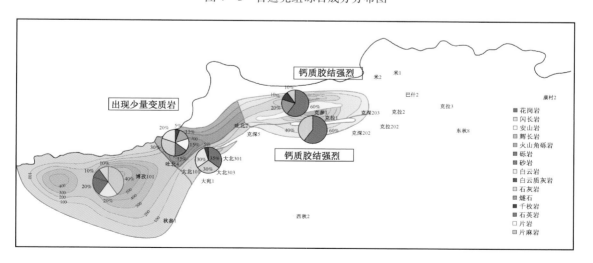

图 4 - 9　康村组砾石成分分布图

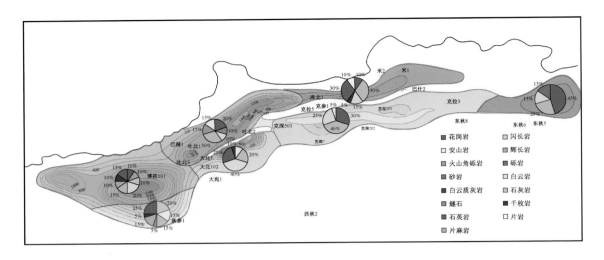

图4-10　库车组砾石成分分布图

西域组砾石成分复杂,博孜地区火成岩含量较高,以安山岩和花岗岩为主。吐北4井和大北6井区砾石成分复杂,种类多,含量差异不大,以火成岩和沉积岩砾为主。克深地区以石英岩砾为主,康村地区砾石成分复杂,以石灰岩和石英岩砾最多(图4-11)。

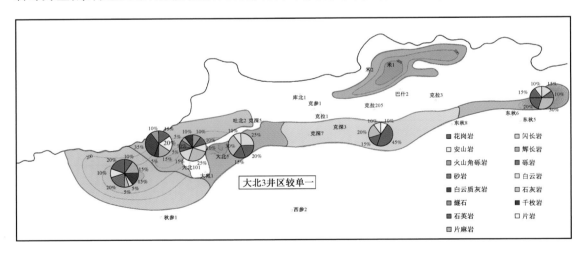

图4-11　西域组砾石成分分布图

Q_{3-4}砾石成分主要有三个差异区,博孜地区砾石成分与西域组类似,主要为变质岩和火成岩为主。大北地区砾石成分主要为石英岩、花岗岩、石灰岩、白云岩和砂岩。克深地区砾石成分复杂,火成岩、沉积岩和变质岩含量相当(图4-12)。

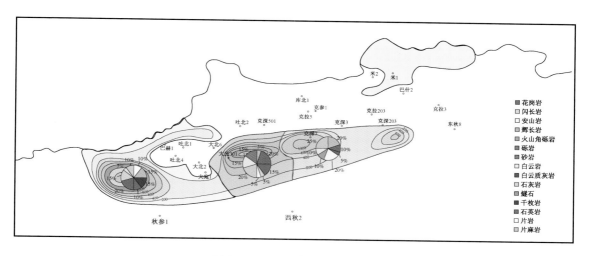

图 4 - 12　Q$_{3-4}$砾石成分分布图

第二节　砾岩层的沉积模式

关于库车地区浅层的沉积环境及沉积演化特征,前人有过初步研究(李维锋等,1996;钟端等,1998;张柏桥等,2000;王振宇等,2003;李猛等,2004),分别从不同角度(露头或者井下)阐述了浅层沉积环境,针对新近系吉迪克组及其以下地层研究的较多,对康村组、库车组及第四系的研究比较少。尽管各家的观点有所差异,但普遍认为受构造作用的影响较大,库车坳陷新近系的沉积演化表现出一个抬升变浅、充填萎缩、沉积体系不断向南迁移的湖盆主体。新近系发育陆相红色碎屑岩沉积,以冲积扇、扇三角洲和辫状河三角洲及湖泊相为主,沉积物在山前地带厚度巨大,而在坳陷腹地厚度变小,不同类型的冲积扇—三角洲沉积体系发育。第四系在山前地带发育冲积扇—扇三角洲—辫状河三角洲沉积,在地形平缓区和丘陵地带发育曲流河—正常三角洲沉积,湖泊具有宽而浅的特点。

近几年,随着一批新井的完钻,笔者利用这些新资料及野外露头重新观察对库车坳陷浅层砾岩沉积特征进行了系统的研究。根据野外露头中各层系的泥岩颜色、砂砾岩的岩性特征、沉积构造和沉积序列,结合钻井上的测录井资料,系统搞清了库车坳陷中部地区新近系和第四系的沉积环境和沉积演化,为今后的地质勘探和钻井施工提供可靠的资料。

一、砾岩层的沉积相演化

库车坳陷的形成和演化直接受控于南天山造山带的形成和演化。白垩纪到古近纪时期,天山造山带已经隆起;至新近纪,南天山进一步抬升,库车前陆盆地形成,北高南低的古地形决定了主要物源方向为由北向南。在对库车坳陷内 6 条野外剖面(库车河剖面、克拉苏河剖面、克孜勒努尔沟剖面、大北 102 井北部剖面、西盐水沟剖面和东盐水沟剖面)分别进行考察、描述和拍照的基础上(图 4 - 13),结合研究区 40 口钻井录井及岩心的岩性、粒度、沉积结构、沉积构造、沉积序列、测井曲线等相标志的综合分析,明确了库车坳陷新近纪以来沉积相类型和分布,并运用克深区带三维地震区电法资料,对部分井间间隔较大不能确定沉积相边界和地震相特征不明显的地区进行了校正,实现了对大北—克深—克拉三维地震区在非地震—地震—

钻井结合下的沉积相精细研究,认为库车坳陷新近系吉迪克组和康村组发育扇三角洲—湖泊沉积体系,库车组发育冲积扇—冲积平原—湖泊沉积体系,第四系主要是冲积扇—冲积平原沉积体系(表4-1)。

表4-1 库车坳陷浅层沉积相类型简表

相	亚相	微相	分布地层
冲积扇	扇根	主河道、(辫状)河道、漫流、片流沉积	吉迪克组—第四系
	扇中		
	扇缘		
扇三角洲	扇三角洲平原	分支河道、漫流	吉迪克组—康村组
	扇三角洲前缘	水下分流河道、支流间湾、河口砂	
	前扇三角洲	前扇三角洲泥、沙坝	
冲积平原	河床	河道沉积、滞留沉积	库车组—第四系
	河漫	河漫滩、河漫湖泊	
湖泊	滨浅湖	滨浅湖泥、沙坝	吉迪克组—库车组
	膏盐湖	膏岩沉积、膏泥岩沉积、泥岩沉积	

1. 砾石层沉积相垂向演化

砾石层的期次划分可以按照两个原则,首先是同相异期原则,如果是相同的沉积相,但不在同一层系,那么先按层系划分开;然后是同期异相原则,即在同一层系内的砾石,再按沉积相带划分沉积期次。例如在克深7井—库北1井连井剖面上(图4-14),库北1井可以先按照层系划分为吉迪克组、康村组和库车组沉积三期后,在吉迪克组内部还可以划分出扇根亚相和扇端亚相,很明显是两期冲积扇形成的。通过编制不同地区的单井相分析图、连井沉积相剖面图可以清楚反映出沉积相在垂向上的时空演化关系,库车坳陷砾石层沉积相的发育演化具有一定规律性。

库车坳陷的砾石层还具有多期继承性,因为库车坳陷自吉迪克组沉积时期开始,发育持续的构造抬升,并伴随长期的物源供应,这种长期的物源供给形成了多期砾石层垂向叠加的沉积序列。例如大北3井—大北6井剖面上(图4-15),大北6井的冲积扇自库车组就开始发育,而且随层位变浅,沉积范围不断变大,冲积扇也不断向盆地内部推进,同一物源的多期冲积扇砾石层相互叠加,形成了现今巨厚的砾石层。砾石层多期继承性的结果就是研究区局部砾石层相对集中分布(图4-16)。

1)博孜地区

博孜地区发育继承性的冲积扇,物源供给充足,因此从吉迪克组—第四系自下而上都是以冲积扇体系为主。例如博孜1井(图4-17),以扇中亚相和扇根亚相为主,钻遇地层的岩性较粗,以主水道和辫状水道的杂色或灰色中砾岩、细砾岩为主,偶夹粗砾岩和砂砾岩,较细的漫流沉积物如砂岩和粉砂岩很少发育。从砾岩层的岩性和粒度纵向上变化也可以看出,本区砾岩层发育先进积、后退积、然后再进积的规律十分明显,第四系进积表现最为明显,而且岩性也比库车组要粗。

卡普沙良河口西域组

库车河西域组

Q₁x

N₂k

东盐水沟轮克公路67km处

西域组

库车组

库车背斜北翼西域组

库车河苏维依组

交错层理

N41°54.368′
E83°19.083′
砂泥互层

330°

克夜勒努尔沟吉迪克组

克拉苏河康村组

N42°01.018′
E82°07.566′

N41°48.677′
E81°25.176′

大北102井北部剖面库车组

冲积扇扇缘

图 4 – 13　库车坳陷野外砾石沉积露头

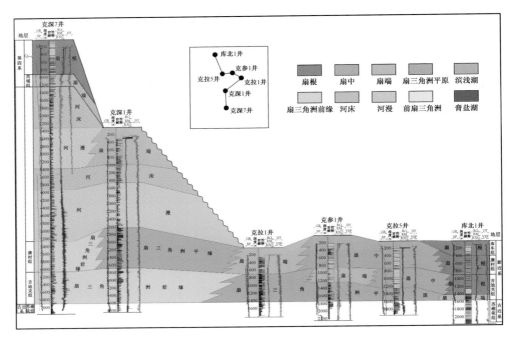

图4-14 克深7井—克深1井—克拉1井—克参1井—克拉5井—库北1井古近系—第四系沉积相对比图

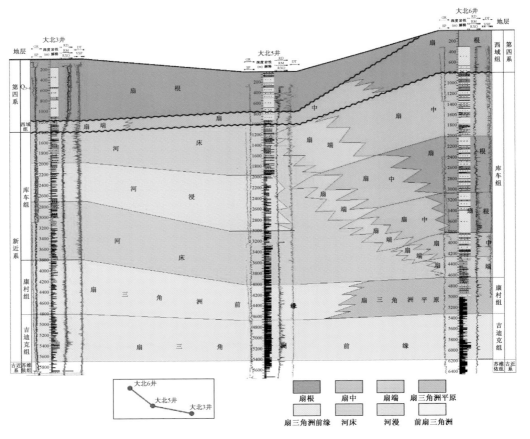

图4-15 大北3井—大北5井—大北6井古近系—第四系沉积相对比图

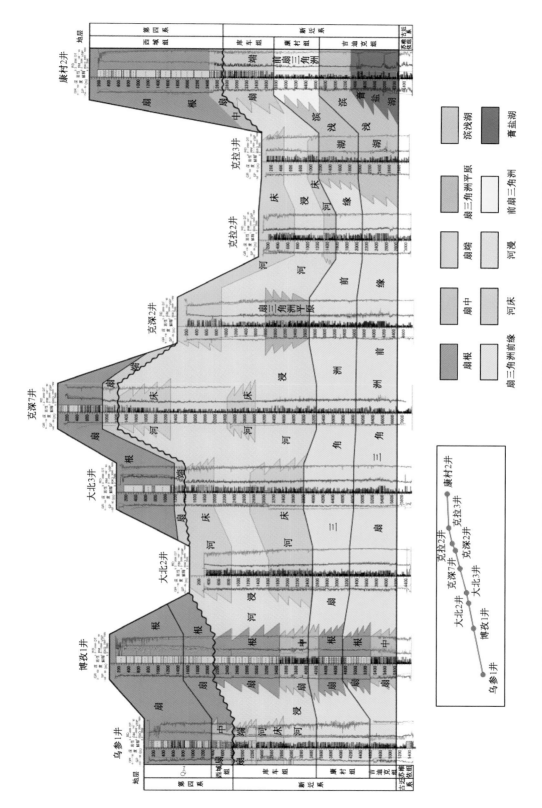

图4-16 乌参1井—博孜1井—大北3井—克深7井—克深2井—克拉2井—克拉3井—康村2井古近系—第四系沉积相对比图

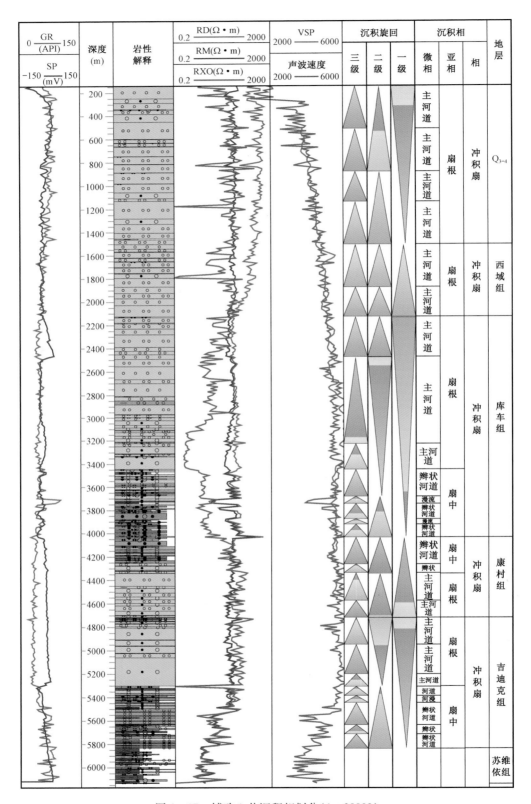

图 4 - 17　博孜 1 井沉积相划分 (1∶20000)

2）大北地区

大北地区的新生界地层最厚,最大厚度可达6000m,而仅是钻揭的库车组就可以达到3000m,反应出该区沉积演化较博孜地区复杂。吉迪克组—康村组以扇三角洲相沉积为主,发育了大套粉砂岩、砂岩和含砾砂岩,普遍发育分支河道和水下分流河道沉积形成的正韵律,偶见河口坝沉积形成的反韵律。库车组—第四系以北部的冲积扇和南部的冲积平原为主,发育砂砾岩沉积,以辫状河道沉积最为发育,与博孜地区不同的是该区也发育细粒物质,河漫沉积普遍发育(图4-18)。

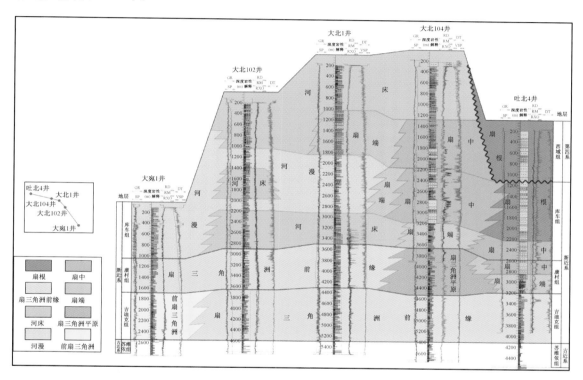

图4-18 大北地区浅层南北向沉积相剖面图

3）克深地区

克拉苏地区和大北地区的特征比较相似,但是早期吉迪克组扇三角洲沉积比大北地区粒度要粗,而后期康村组开始就比大北地区的沉积物偏细。其中克拉苏西部地区克拉苏河流域偏粗,以冲积扇沉积为主;东部地区偏细以扇三角洲和冲积平原为主。库车组沉积早期砾岩层开始向盆地进积,反旋回特征明显;库车组沉积中晚期,砾岩层表现为退积,规模上向盆地边缘收缩变小;第四系的砾岩层再次表现为进积,而且此次砾岩层的规模比前期都大(图4-19)。

4）其他地区

东部康村2井区吉迪克组沉积早期和康村组沉积时期以湖泊沉积为主,发育膏盐湖和滨浅湖;库车组沉积晚期—第四系沉积时期以冲积扇沉积为主,特别是西域组的砾石沉积较厚。西部的乌什地区沉积体系演化与大北地区相似,早期为扇三角洲沉积,晚期为冲积扇沉积。拜城凹陷以南,吉迪克组—康村组沉积时期以湖泊沉积为主,直至库车组沉积晚期—第四系沉积时期才发育冲积平原。

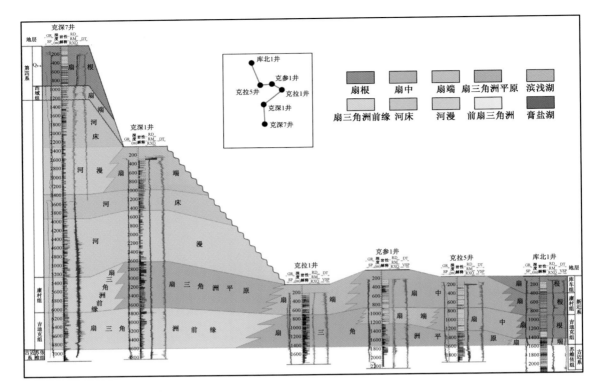

图 4-19 克拉苏地区浅层南北向沉积相剖面图

2. 砾石层沉积相平面分布

根据沉积相纵横向的展布特征,再结合各层系地层厚度和砂地比大小的平面变化趋势,确定井间的沉积相界线,绘制了沉积相平面分布图。笔者研究发现库车坳陷新生界物源主要来自北部,因此南北向的沉积相展布是由陆到湖,由粗到细的变化过程。整个库车坳陷浅层南北向的沉积体系展布相似,无论大北地区还是克拉苏地区,没有太大差别,都是顺物源方向不断变细,但是东西向上差别较大。

1)吉迪克组

根据前人研究,吉迪克组的物源方向来自北部山前带。根据绘制的砂地比等值线图显示(图 4-20),在博孜地区和克拉苏河上游地区的砂地比值较大,多在 80% 以上,以冲积扇沉积为主,物源向东南方向延伸(图 4-21)。由于此时湖盆较大,因此冲积扇直接入湖,在克深地区和大北地区就形成了扇三角洲沉积,砂地比大小中等,范围在 40%~70%。从西部的乌什地区到东部的康村地区,南部的拜城凹陷到秋里塔格构造带广泛发育湖泊沉积,以滨浅湖为主,砂地比比值小于 40%,其中西秋和东秋两个地区还发育膏盐湖沉积。在大北地区,吉迪克组自北向南依次发育扇三角洲—湖泊相沉积体系,以扇三角洲前缘亚相为主,到了大宛 1 井发育前扇三角洲亚相,进入拜城凹陷以滨浅湖亚相和膏盐湖亚相沉积为主。在克拉苏地区,吉迪克组自北向南依次发育冲积扇—扇三角洲相,特别是吉迪克组沉积后期,冲积扇的范围扩大至克参 1 井,南部发育扇三角洲平原亚相,到克深 1 井和克深 7 井以扇三角洲前缘亚相为主。

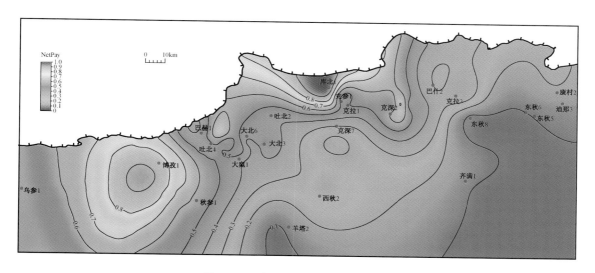

图 4 - 20　吉迪克组砂地比等值线图

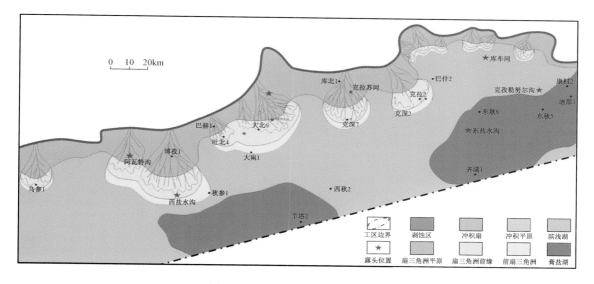

图 4 - 21　吉迪克组沉积相平面图

　　在对吉迪克组三维电阻率顺层切片研究的基础上,对主测线和联络线进行了相等间隔的密集观察,并通过野外露头、测井和地震进行校正,编制了库车坳陷克拉苏构造带大北—克深三维地震区吉迪克组沉积相分布图(图 4 - 22)。从图中可以看出,三维电法工区北部主要为冲积扇沉积,且以冲积扇扇端沉积为主,冲积扇与中部冲积平原的岩性变化界限具有很高的准确度和可靠性,而非简单的以井或者地震确定,该时期湖泊面积广泛,在大北 301 井—克深 8井—克深 201 井以南,均为湖泊相沉积。

　　2)康村组

　　库车坳陷康村组沉积时期,构造运动开始加强,北部的南天山初步隆升,山前的扇三角洲范围扩大,向盆地中心进积。在大北地区,康村组延续了这个沉积体系,只是整体向南推进,北部吐北 1 井发育扇中亚相,向南出现了扇三角洲平原—扇三角洲前缘亚相。在克拉苏地区,康村组自北向南依次发育冲积扇—扇三角洲,冲积扇范围继续扩大至克拉 1 井,南部发育扇三角

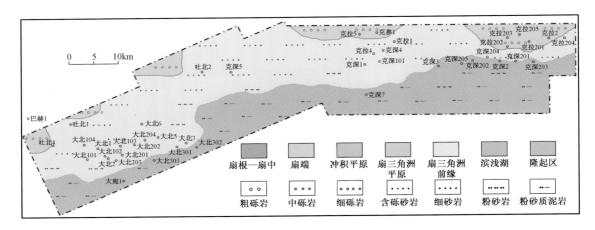

图 4 – 22　库车坳陷三维地震区吉迪克组沉积相分布

洲平原亚相,到克深 1 井和克深 7 井以扇三角洲前缘亚相沉积为主。

　　与吉迪克组一样,康村组的物源来自北部山前带,基本上是继承了吉迪克组的沉积体系。根据砂地比等值线图显示(图 4 – 23),在大北—博孜地区和克拉苏河上游地区的砂地比值较吉迪克组增大,普遍在 90% 以上,分布范围也变广,冲积扇沉积范围变大,康村 2 井北部地区也出现冲积扇(图 4 – 24)。该沉积时期沉积中心向东转移,冲积扇前方的扇三角洲沉积也向前推进,使得湖盆逐渐缩小,特别是膏盐湖逐渐萎缩,仅在东秋一带地区发育。

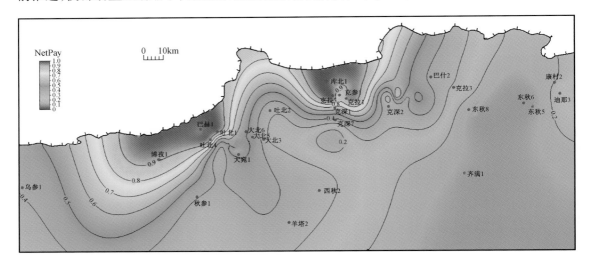

图 4 – 23　康村组砂地比等值线图

　　在对康村组三维电阻率顺层切片研究的基础上,对主测线和联络线进行了相等间隔的密集观察,并通过野外露头、测井和地震进行校正,编制了库车坳陷大北—克深—克拉三维地震区康村组沉积相分布图(图 4 – 25)。从图 4 – 25 中可以看出,该沉积时期扇三角洲范围扩大,冲积扇成为三维地震区北部主要的沉积相类型,吐北 4 井—吐北 1 井—吐北 2 井以北、克拉 5 井—可参 1 井—克拉 1 井以北为冲积扇扇根扇中沉积,大北 102 井—大北 5 井—克深 7 井—克深 8 井—克拉 201 井以北为冲积扇扇端沉积,该时期湖泊向南萎缩,仅在大宛 1 井一线的南部发育。

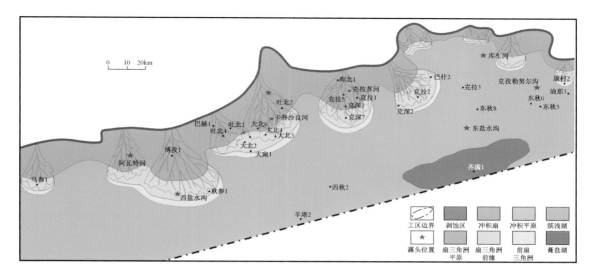

图 4-24 康村组沉积相平面图

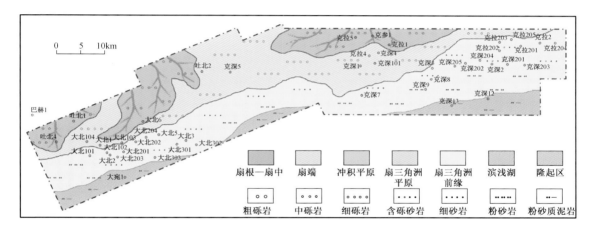

图 4-25 库车坳陷三维区康村组沉积相分布

3）库车组

库车组沉积时期,库车坳陷的构造活动继续增强,南天山快速隆升,北部物源增多,湖泊快速萎缩,在三维地震区已无湖泊沉积,以冲积扇和冲积平原相沉积为主,库车组沉积早期砾岩层开始向盆地进积,反旋回明显;库车组沉积中晚期,砾岩层表现为退积的特点,规模上向盆地边缘收缩,砾岩层粒度粗,大小混杂,分选差,岩性以中砾岩—粗砾岩为主,西部的大北6井地区砾岩层规模最大,到东部克深5井—克深201井地区砾岩层仅存在断裂上盘,而下盘以冲积平原沉积为主,岩性以砂砾岩、细砂岩和粉砂岩为主。大北地区,主要发育冲积扇—冲积平原沉积体系,冲积扇主要分布在北部吐北1井和大北104井附近,以扇根亚相和扇中亚相为主,向南发育广泛的河床亚相和河漫亚相。在克深地区,北部仍以冲积扇为主,南部克深井区以河漫亚相为主,后期发育河床亚相和扇端亚相。根据砂地比等值线图显示(图4-26),北部山前带的砂地比范围继续较高,形成的冲积扇连片分布(图4-27),

同时在西部的乌什地区和东部的康村 2 井地区冲积扇也逐渐开始发育,而且湖盆持续向东部萎缩,仅在东秋里塔格构造带南部发育小湖泊,研究区西部广大地区发育以辫状河沉积为特征的冲积平原。

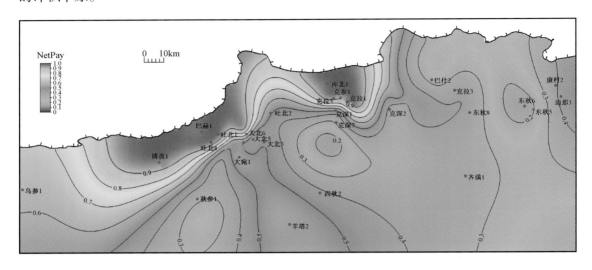

图 4 - 26　库车组砂地比等值线图

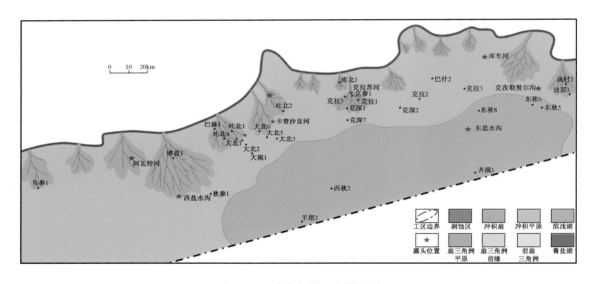

图 4 - 27　库车组沉积相平面图

由于库车坳陷库车组厚度大,沉积相发育特征复杂,为了对库车坳陷沉积相发育阶段和分布特征进行深入研究,按照距库车组底界 500m 间隔将库车组分成了库车组沉积早期、库车组沉积中期和库车组沉积晚期三个阶段进行沉积相分布的研究。

(1)库车组沉积早期。

库车坳陷从库车组沉积时期进入了再生前陆盆地演化阶段,构造运动强烈,南天山快速向南俯冲,盆地构造抬升和剥蚀剧烈,以沉积电阻率较大的砂砾岩和砾岩为主。在对库车组沉积早期电阻率顺层切片研究的基础上,对主测线和联络线进行了相等间隔的密集观察,并通过野外露头、测井和地震进行校正,编制了库车坳陷大北—克深—克拉三维地震区库车组沉积早期沉积相分布图(图4-28)。从图4-28中可以看出,库车组沉积早期冲积扇规模较小,同时冲积扇主要发育在西部地区,东部克拉2井地区无冲积扇发育。主要分布在大北1井—大北6井—克深5井和克拉5井—克拉1井北部地区,中东部和南部地区为冲积平原沉积。

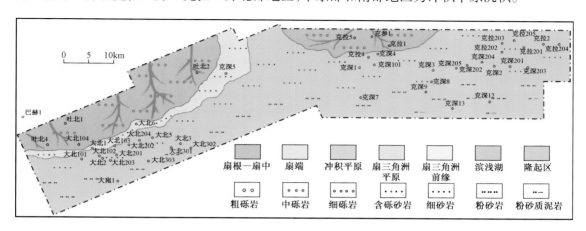

图4-28 库车坳陷三维地震区库车组沉积早期沉积相分布

(2)库车组沉积中期。

在对库车组沉积中期电阻率顺层切片研究的基础上,对主测线和联络线进行了相等间隔的密集观察,并通过野外露头、测井和地震进行校正,编制了库车坳陷大北—克深—克拉三维地震区库车组沉积中期沉积相分布图(图4-29)。从图4-29中可以看出,该时期冲积扇广泛分布,与库车组沉积早期冲积扇发育特征对比,该时期冲积扇继承性地向盆地中心进积发育。大北地区仍是冲积扇的集中发育区,中部和东部地区也有冲积扇的发育,大北101井—大北5井—克深5井—克拉4井—克深201井以北为冲积扇发育区,以南为冲积平原发育区。

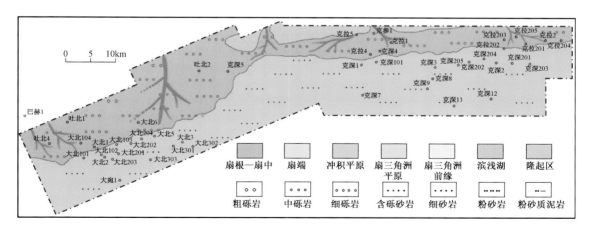

图4-29 库车坳陷三维地震区库车组沉积中期沉积相分布

(3)库车组沉积晚期。

在对库车组沉积晚期电阻率顺层切片研究的基础上,对主测线和联络线进行了相等间隔的密集观察,并通过野外露头、测井和地震进行校正,编制了库车坳陷大北—克深—克拉三维地震区库车组沉积晚期沉积相分布图(图4-30)。从图4-30中可以看出,该时期由于强烈的抬升和剥蚀作用,三维地震区北部地区被大面积剥蚀,冲积扇仅残留在剥蚀区南部边缘地区,大北104井—大北6井—克深5井—克深1井—克深204井南部为冲积平原沉积,岩性以砂砾岩、砂岩为主。

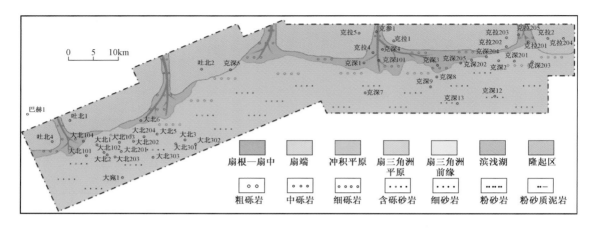

图4-30 库车坳陷三维地震区库车组沉积晚期沉积相分布

4)第四系

第四系沉积时期,库车坳陷的构造活动急剧增强,南天山不断隆升遭受剥蚀。三维地震区内以冲积扇沉积为主,岩性以中砾岩—粗砾岩为主,大小混杂;在三维地震区南部,岩性变细,以细砾岩为主,特别是西域组沉积后期,秋里塔格构造带也逐渐隆升。此时,湖盆彻底消失,砂地比普遍较高,北部山前带—克拉苏构造带的砂地比在80%以上,南部地区的范围也达到30%~70%(图4-31),库车坳陷发育冲积扇—冲积平原体系(图4-32)。北部山前带遭受广泛剥蚀,形成大范围的物源区,冲积扇延伸较远,最远至秋里塔格构造带。特别是Q_{3-4}沉积时期,冲积扇十分发育,秋里塔格构造带已成为了冲积扇的物源区(图4-33)。

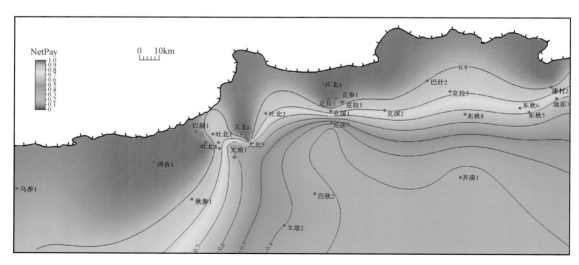

图4-31 西域组砂地比等值线图

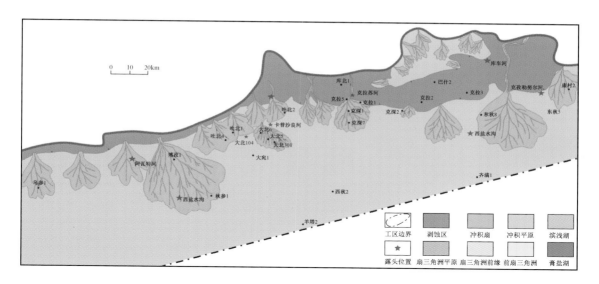

图 4 – 32　西域组沉积相平面图

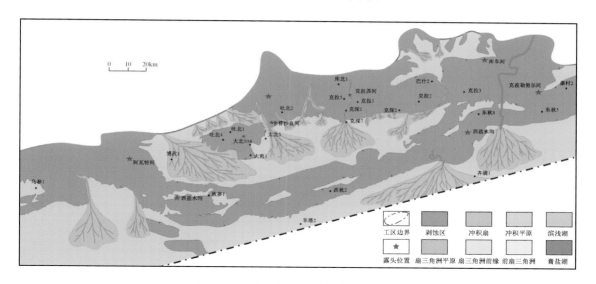

图 4 – 33　Q_{3-4} 沉积时期沉积相平面图

（1）西域组。

大北地区，第四系仅在北部吐北地区保留，以冲积扇扇根亚相为主。克拉苏地区，克深 7 井附近发育大套厚层砾石，为扇根亚相。在对西域组电阻率顺层切片研究的基础上，对主测线和联络线进行了相等间隔的密集观察，并通过野外露头、测井和地震进行校正，编制了库车坳陷大北—克深—克拉三维地震区西域组沉积相分布图（图 4 – 34）。从图 4 – 34 中可以看出，该沉积时期由于强烈的抬升和剥蚀作用，断裂上盘几乎全被剥蚀，冲积扇主要分布在断裂下盘，在断裂下盘连片分布，大北 3 井—克深 7 井一线南部过渡为冲积平原沉积。

（2）Q_{3-4}。

在对 Q_{3-4} 电阻率顺层切片研究的基础上，对主测线和联络线进行了相等间隔的密集观察，并通过野外露头、测井和地震进行校正，编制了库车坳陷大北—克深—克拉三维地震区

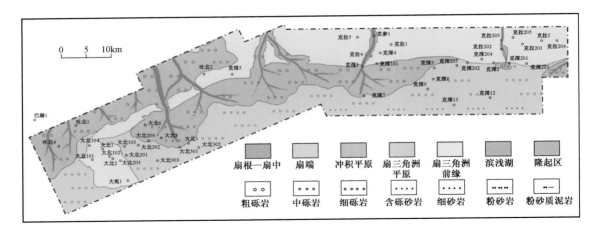

图4-34 库车坳陷三维地震区西域组沉积相分布

Q_{3-4}沉积相分布图(图4-35)。从图4-35中可以看出,该沉积时期由于强烈的抬升和剥蚀作用,断裂上盘几乎完全被剥蚀,断裂带以南几乎全部为冲积扇沉积。

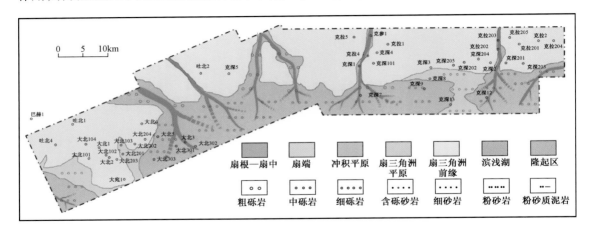

图4-35 库车坳陷三维地震区Q_{3-4}组沉积相分布

二、砾岩层的沉积模式

1. 砾石层沉积序列

    盆地古地理特征和构造活动共同控制着盆地的沉积演化,不同构造层序的构造应力特征在不同区域也会出现较大的差异,导致了不同时期盆地出现不同的充填特征。

    古近纪末期,库车坳陷主逆冲区域开始从古近纪早期的西部大宛齐一线向东转移,同时也具有向南移动的趋势。沉降速率减小,盆地内充填作用使湖盆变得更加平坦,湖盆范围向北、向东、向南扩大,地层总体上向东、向南超覆。

    到了新近系吉迪克组和康村组沉积时期,逆冲区域向东转换至东秋里塔格构造带,沉积沉降中心也相应移动。每一构造旋回的构造活动并不是呈线性增强或减弱,而往往呈阶段式波动减弱或增强,即次一级的构造活跃期和构造休眠期,形成了次一级的湖侵、湖退旋回。此时南部的沉积物主要是滨浅湖的泥岩夹粉砂岩和膏岩沉积,向北则出现粗碎屑沉积,为扇三角洲沉积,显示出边沉降边沉积的盆地充填特征,沉积物沉积速率和盆地沉降速率基本均衡。

新近纪库车组沉积时期,北部逆冲构造再次向南强烈挤压,湖盆持续向东萎缩,沉降中心又转移至大宛齐和克深构造带一线,同时北部地区发育强烈的剥蚀和粗碎屑沉积,这种构造隆升活动一直持续至第四系。

为了加强对该区沉积演化历史的认识,利用 Opendtect 软件的层序追踪技术,对地震资料进行了沉积层序解释(图4-36)。从沉积旋回曲线上可以看出,在库车坳陷中部的博孜—大北—克拉苏地区,从吉迪克组沉积开始,自下而上先发育加积层序或进积层序,后期发育退积层序,之间发育大的不整合面。其中退积层序在东部和西部开始时间不同,西部博孜—大北地区从新近系库车组开始,东部克拉苏构造带从第四系才开始退积。这种退积层序显示的演化特征是北部山前带的不断隆升使得物源直接堆积在山前。据此也可以推测,以冲积扇为主的砾石层的发育程度应该是以西部博孜—大北地区较多较广,而东部克拉苏构造带则发育较少。

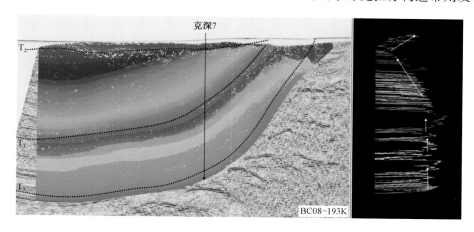

图4-36　BC08-193K 测线的沉积层序解释和旋回曲线

2. 砾石层沉积成因模式

根据上述沉积演化规律,结合不同物源体系下的砾岩层特征分析,笔者认为库车浅层砾岩总共发育三种模式:长期稳定的继承性单物源冲积扇砾岩层、迁移型的继承性单物源冲积扇砾岩层、受局部构造控制的多物源冲积扇砾岩层。

1)长期稳定的继承性单物源冲积扇砾岩层

该类型的冲积扇主要发育在博孜地区(图4-37),有以下三个特点。

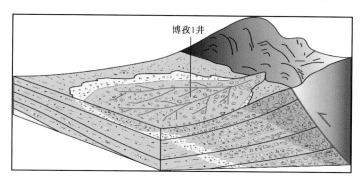

图4-37　博孜地区冲积扇发育的成因模式图

（1）砾岩层发育早。该冲积扇为长期的继承性冲积扇，从吉迪克组开始就发育砾岩层，直到第四系仍旧发育大规模的现代冲积扇。

（2）砾岩层规模大。由于长期继承性发育，因此砾岩层厚度大，在博孜地区可以到达5000m；砾石的粒度粗，根据野外考察，发现了第四系西域组广泛发育大量巨砾和粗砾岩，而吉迪克组的砾岩也是以粗砾岩为主。

（3）砾岩层的砾石成分复杂。虽然该冲积扇为单物源，但是由于砾岩发育时期存在长期强烈的构造活动，所以砾石成分自下而上越来越复杂，下部发育石灰岩、白云岩和硅质岩砾石为主，向上出现大量火山岩、变质岩砾石。这些认识可以给钻井工程提供地质依据。

2）迁移型的继承性单物源冲积扇砾岩层

该类型的冲积扇主要发育在克拉苏河及库车河地区（图4-38），有以下两个特点。

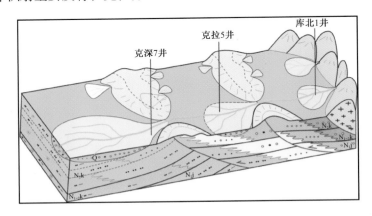

图4-38　克拉苏河地区冲积扇发育的成因模式图

（1）砾岩层分布局限。由于该冲积扇受到构造抬升作用的控制，上覆地层遭受剥蚀或者没有沉积，冲积扇的粗砾沉积不断向远离物源方向迁移，覆盖在下伏细粒沉积之上，因此造成每个层系的砾岩层分布局限，沿着物源方向，只有时代较新的层系才发育砾岩层，例如克拉5井区钻遇的是库车组的砾岩，而克深7井区只会钻遇第四系的砾岩。

（2）砾岩层规模相对较小。由于不断迁移，各层系的砾岩层没有聚集成片，所以厚度较薄，砾石粒度较小。例如克深7井除了浅层第四系1000m厚的砾岩层，均为中—细砾岩，下部库车组的砾岩仅为几米厚的细砾岩夹层；再例如克拉5井仅在库车组发育几百米厚的中—细砾岩。

3）受局部构造控制的多物源冲积扇砾岩层

这种模式的砾岩层以大北地区为代表（图4-39）。总体上，该地区盐岩变形拱升和断裂活动导致古地貌逐渐抬升，进而导致冲积扇体系不断发生变化，每个层系砾岩层的发育都与局部构造活动有关。康村组发育典型的山前冲积扇，紧靠北部的主物源区，规模小，分布局限；库车组冲积扇也受到北部构造抬升的影响，形成了三大冲积扇体系；第四系继承了库车组的物源体系，但此时随着大宛齐盐岩变形和东部吐孜玛扎断裂活动引起局部抬升，冲积扇体系分化明显，出现强烈的侧向迁移，同时断裂北部地区形成了山间盆地，出现了多物源的冲积扇叠加，物源体系也随之增多，可能有北部、南部和西部三个物源。

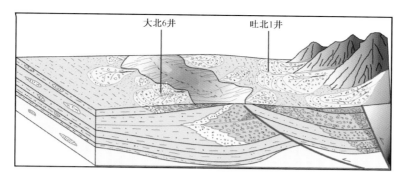

图4-39　大北地区冲积扇发育的成因模式图

第三节　砾岩层的分布与控制因素

一、库车砾岩层的分布特征

1. 纵向分布特征

库车坳陷的砾岩层可以按照其所在层系自下而上划分为四期:吉迪克组沉积时期、康村组沉积时期、库车组沉积时期和第四纪。根据野外露头剖面,层位越新砾岩层规模越大,砾石含量越多,大小分选越差,成分越复杂,变质岩和砂岩砾石增多,如博孜—西盐水沟露头。这种规律在纵向剖面上体现的更明显。总体来说,砾岩分布在纵向上具有以下特征。

1)砾岩主要发育在库车组和第四系

从贯穿整个大北—克深—克拉地区的岩性岩相的连井剖面(图4-40至图4-42)中可以看出,本区的砾岩层主要发育在库车组和第四系,且以大北地区砾岩最为发育,第四系的砾岩层与下伏地层发育不整合接触关系;康村组和吉迪克组仅发育在吐孜玛扎断裂北侧地区发育小规模砾岩层。库车组砾岩层岩性复杂,发育中砾岩、细砾岩、小砾岩和砂砾岩,而第四系砾岩层主要以中砾岩和细砾岩为主。

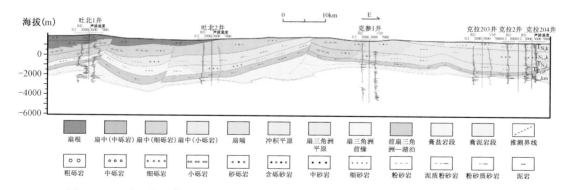

图4-40　过吐北1井—吐北2井—克参1井—克拉204井的岩性岩相综合解释剖面

2)砾岩层早期为进积,期间有退积,晚期为进积

库车组沉积早期砾岩层开始向盆地进积(图4-43),反旋回明显;库车组沉积中晚期,砾岩层表现为退积,规模上向盆地边缘收缩;第四系的砾岩层再次表现为进积,而且此次砾岩层的规模比以前都大。

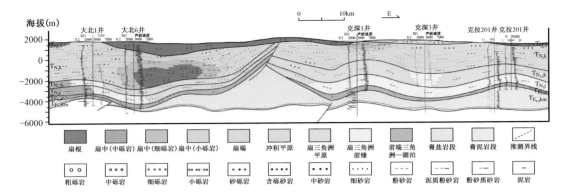

图 4-41　过大北 1 井—大北 6 井—克深 1 井—克深 3 井—克深 203 井的岩性岩相综合解释剖面

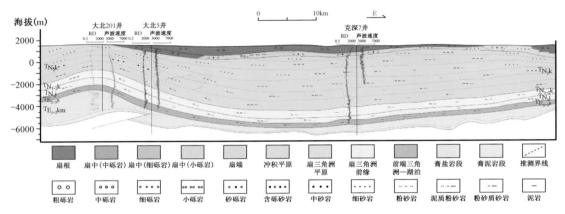

图 4-42　过大北 201 井—大北 5 井—克深 7 井的岩性岩相综合解释剖面

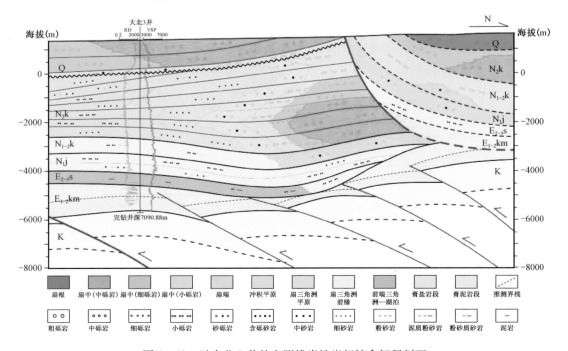

图 4-43　过大北 3 井的主测线岩性岩相综合解释剖面

从大北104井垂直物源方向的联络测线的岩性岩相剖面(图4-44)可以看出:砾岩层发育先进积、后退积、然后再进积的规律十分明显,第四系进积表现最为明显,而且岩性也比库车组要粗,同时大北地区为砾岩层发育的集中区。

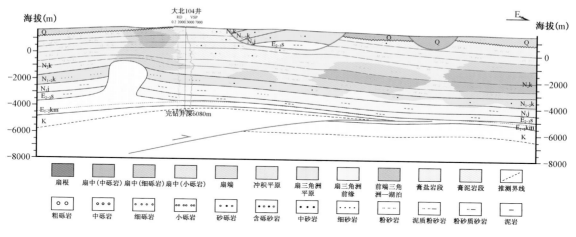

图4-44 过大北104井的联络测线岩性岩相综合解释剖面

2. 横向分布特征

1)南北向砾岩层分布

通过对6条主测线分析研究认为:吉迪克组扇三角洲发育规模较小,湖泊分布规模大,以宽浅湖为主,砾岩层主要以细砾岩、砂砾岩为主,厚度小,粒度细,分布范围小(图4-45)。

康村组沉积时期,由于构造运动加强,扇三角洲范围增大,湖泊面积减小,以扇三角洲沉积为主,砾岩层主要以细砾岩、砂砾岩为主,厚度小,粒度细,分布范围比吉迪克组大。

库车组沉积时期,构造运动极为强烈,南天山快速隆升,湖泊快速萎缩,在三维地震区已无湖泊沉积,以冲积扇和冲积平原为主。库车组沉积早期砾岩层开始向盆地进积,反旋回明显;库车组沉积中晚期,砾岩层表现为退积,规模上向盆地边缘收缩,砾岩层粒度粗,大小混杂,分选差,岩性以中砾岩—粗砾岩为主,西部的克深5井区砾岩层规模最大,到东部克深201井区砾岩层仅存在断裂上盘,下盘以冲积平原沉积为主,岩性以砂砾岩、细砂岩和粉砂岩为主。

第四系抬升剥蚀强烈,三维地震区以冲积扇沉积为主,岩性以中砾岩—粗砾岩为主,大小混杂,在三维地震区南部岩性变细,以细砾岩为主。

2)东西向砾岩层分布

在6条主测线研究的基础上,对大北—克深—克拉三维地震区的三条联络线进行研究发现:吉迪克组以扇三角洲发育为主,砾岩层发育规模小(图4-46);康村组扇三角洲分布规模较大,砾石层主要分布在吐北2井—克参1井—克拉204井测线以北,从山前到盆地中心砾岩层粒度减小,分布规模减小;库车组砾岩层主要分布在西部的大北地区,而克深1井—克深2井—克深5井三维地震区砾岩层规模较小,在克深1井—克深3井—克深203井以北,砾岩层较为发育,以中砾岩、细砾岩为主,南部地区以冲积平原为主,砾岩层分布规模小,局部发育砾岩层;第四系由于克深1井—克深2井—克深5井三维地震区剥蚀强烈,地层较薄,从北向南均有砾岩层分布,且砾岩层以中粗砾岩为主,Q_{3-4}砾岩层厚度和粒度比西域组大。

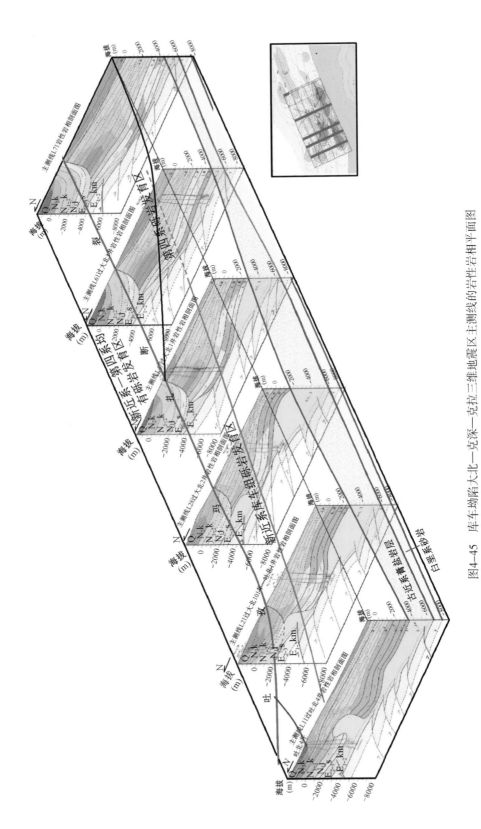

图4—45 库车坳陷大北—克深—克拉三维地震主测线的岩性岩相平面图

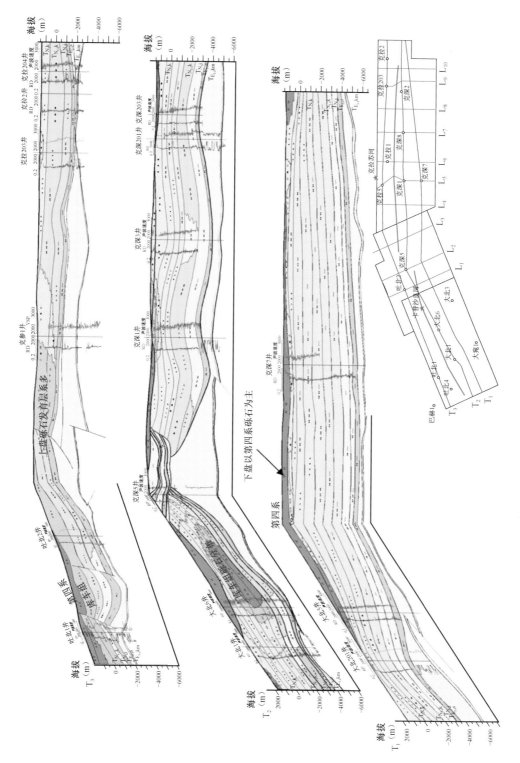

图4-46 库车坳陷大北—克深—克拉三维地震区联络线的岩性岩相平面图

3. 平面分布特征

不同地区发育的不同沉积相带内所含砾石层厚度不同，因此在综合利用野外地质露头、测井、地震和三维电法资料的基础上，并考虑各层系的地层厚度和沉积相分布情况，进而理清了库车坳陷中部新生界各层系的砾石在平面上的分布情况。

吉迪克组砾石层规模和厚度较小，主要分布在博孜地区和克深地区，博孜地区构造稳定，北部天山持续抬升，接受砾石层持续沉积，厚度最大可达900m。中东部克深库北地区砾石层也较厚，厚度达700m，然而受到岩盐底辟活动作用的影响，导致砾石层向盆地中心的沉积中断，使克拉5井以南地区砾石层厚度减薄（图4－47）。

康村组沉积时期，构造活动开始加强，砾石层的分布基本继承了吉迪克沉积组时期的沉积格局，但此时出现了博孜、大北和克深地区三个沉积中心。其中以博孜地区砾石层厚度最大，可达700m；大北地区的砾石层最厚处位于吐北1井地区，厚度达500m；克深地区受到岩盐底辟作用的影响，出现了库北1井和克参1井两个沉积中心，厚度均超过了500m（图4－48）。

库车组沉积时期构造活动加强，南天山强烈俯冲，构造抬升剧烈，导致山前发育一系列的冲积扇，该时期砾石层分布规模最大，从山前到大宛1井、秋参1井和克深202井均有分布，砾石层厚度大，最厚处可达2200m。库车组砾石层主要分布在博孜地区和大北地区，博孜地区的砾石层继承性沉积，砾石层具有厚度大，粒度粗，范围广的特点。大北地区是该沉积时期的另一个砾石沉积中心，由于受到吐孜玛扎断裂，抬升作用导致大北6井北部地区砾石层被剥蚀，断裂北部砾石层厚度在1000m左右，分布面积广，从吐北4井到库北1井均有分布，断裂南部的大北6井地区达到最厚可达2200m，但是分布面积小，砾石层厚度变化快。克深地区受构造作用影响，导致砾石局部遭受剥蚀变薄（图4－49）。

第四系西域组沉积时期，南天山强烈俯冲，库车坳陷中部和东部山前地区被大面积剥蚀，从图4－50中可以看出，该沉积时期，砾石层厚度整体较小、分布稳定，厚度不超过600m，康村2井地区为该沉积时期砾石层的沉积中心，具有厚度大、分布面积小的特征，仅在康村2井区最厚可达2200m（图4－50）。

Q_{3-4}沉积时期，构造活动持续加强，库车坳陷中部和东部几乎全被剥蚀，Q_{3-4}组砾石层厚度较大，最大可达1400m，发育博孜1井、大北3井和克深7井三个沉积中心（图4－51）。

总体来说，新生界砾石层分布具有面积广、成群分带分布的特征。砾石层主要集中在博孜—大北地区，厚度范围2000～5000m，而东部克拉苏构造带和南部拜城凹陷的砾石层并不是十分发育，普遍为200～500m，仅局部地带厚度达到1000m（图4－52）。从吉迪克组至库车组，砾岩层的分布范围向东、向南逐渐扩大，但基本上还是呈裙带状分布在盆地北部山前地带，说明此阶段坳陷的挤压强度不是很大，且构造活动强度一致。上部第四系西域组和Q_{3-4}砾岩层的分布范围向南扩大更为迅速，从厚度图上看砾岩层分区性明显，坳陷西部的砾岩层更厚且集中分布在三个小区，而坳陷东部的砾岩层规模逐渐向西退缩，说明此时盆地受到强烈的构造活动影响，北部山前受到挤压快速抬升，而且此时坳陷东部也已开始抬升。

综上所述，库车坳陷新生界砾岩层具有纵向上多期次连续发育、相带差异明显，且横向上相变快、局部集中分布的特点。

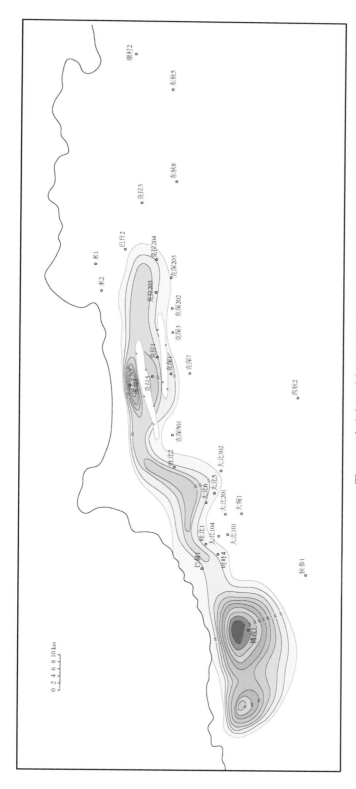

图4-47　吉迪克组砾岩层厚度分布图

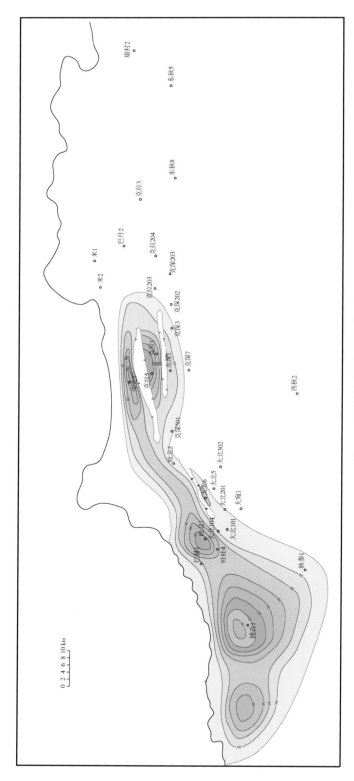

图4-48 康村组砾岩层厚度分布图

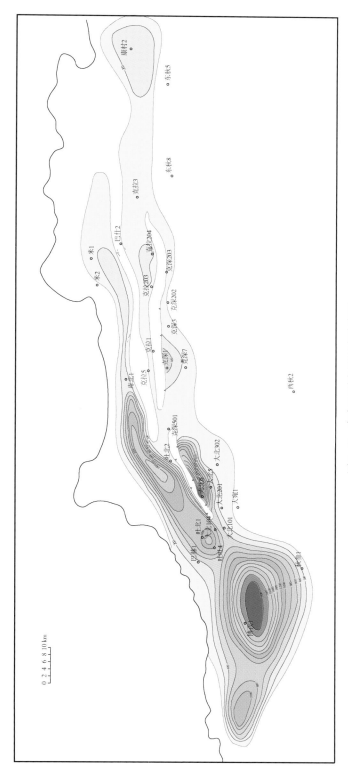

图4-49 库车组砾岩层厚度分布图

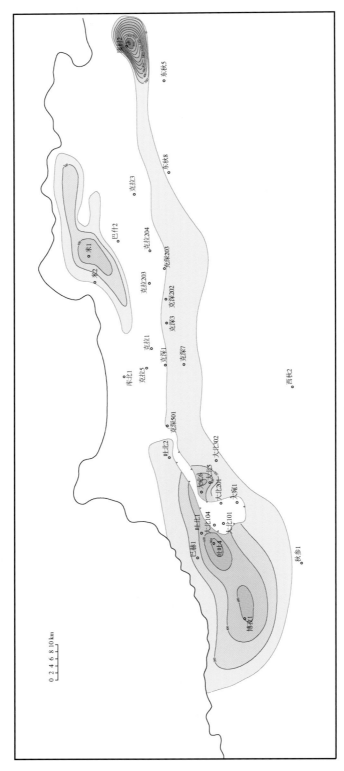

图4-50 西域组砾岩层厚度分布图

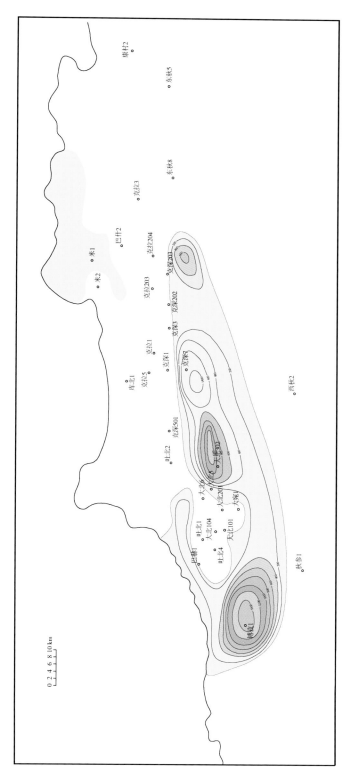

图4-51 Q₃₋₄砾岩层厚度分布图

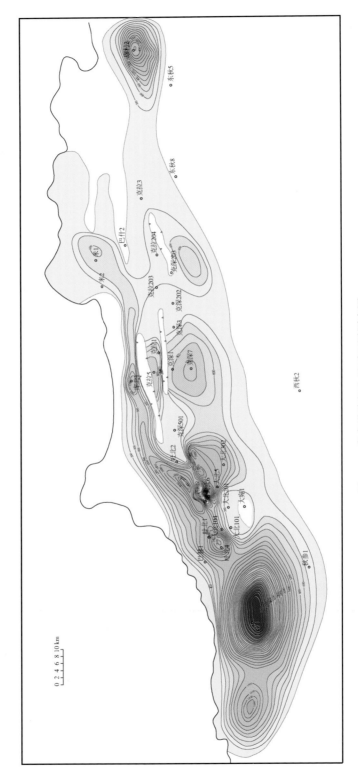

图4-52 库车坳陷新生界咸石层厚度图

二、砾岩层的控制因素

根据上述砾石层的分布特征及前面总结的砾石层沉积模式、砾石的成分、粒度的变化特征,进一步分析了库车坳陷中部砾石层发育的主要控制因素:构造活动演化、南北向断裂以及构造样式是形成现今砾岩层特征及其分布的主要因素,而干旱—半干旱的气候条件为冲积扇的发育提供了必要条件。

1. 构造演化控制了砾岩层沉积相类型和叠置样式

库车坳陷新生界砾岩层发育的根本原因是坳陷在前陆盆地演化阶段经历了持续的构造活动,其强弱大小也是影响砾石层砾石分布特征和重要的控制因素。自从中生代末期强烈的抬升剥蚀之后,库车坳陷先后经历了渐新世末期的弱挤压、中新世的稳定抬升及中新世末期—全新世的强烈挤压过程(图4-53)。因此,库车坳陷在中新世仍处于比较稳定的构造背景下,砾岩层主要为扇三角洲沉积成因,而伴随中新世末期(特别是上新世以来)持续增强的区域挤压活动,导致南天山不断抬升遭受剥蚀,山前坡度变大、地形变陡,为冲积扇发育提供了场所和物源,因此在库车组及第四系发育了规模较大的冲积扇砾岩层。上新世以来构造活动的强烈程度在变化,砾岩层的叠置样式也在变化。根据顺物源方向的南北向沉积相剖面,库车组沉积早期到沉积中期,构造活动持续增强,自下而上砾岩层的厚度和粒度都增大,扇根和扇中范围向南扩大,以反韵律沉积为主;而库车组沉积中后期,第一次区域挤压活动减弱,扇根和扇中范围向后退缩,砾岩层厚度也向上变薄,发育正韵律沉积。

2. 南北向断裂控制了砾岩层的物源体系

库车坳陷整体呈东西走向,在新近纪—第四纪前陆盆地演化阶段以南北向挤压为主,形成了东西分段的特征,在局部位置形成多个南北向的走滑断裂作为构造转换带调节整个坳陷的构造结构。在这些南北向断裂基础上往往发育大型水系,直接连通砾岩层沉积的物源区,物源的长期供给导致继承性冲积扇的发育,控制了砾石层在坳陷内的相对集中分布。如位于博孜地区的木扎尔特河水系,它是一条源远流长的山间河流,其携带碎屑物的能力不容小觑,这条河流形成的所有冲积扇从吉迪克组—第四系都有分布,而且扇体规模发育的越来越大,使得该地区成为研究区冲积扇最发育、砾石层最厚、砾石最大、砾石成分最复杂的地区。另外位于克深—大北地区的卡普沙良河水系和克拉苏河水系同样也向物源区延伸远,在长期演化过程中未发生大尺度的侧向迁移,因此各个水系基本上形成了固定的分布范围和物源体系(图4-54)。随着物源区的不断隆升,自下而上砾石成分也随着物源区被剥蚀地层的由新变旧而变得越来越复杂。根据第一节对砾石成分分布特征研究结果,本区砾岩层的物源体系之间区分比较明显,这正是受到了诸多南北向走滑断裂所控制。

3. 构造样式控制了砾岩层的平面分布

库车坳陷在新近纪—第四纪遭受分段挤压作用,导致坳陷内不同位置分别形成了不一样的构造样式,这些构造样式直接控制了砾岩层的平面分布和规模。根据前人研究,库车坳陷的区域性挤压活动自东向西逐渐增强。从库车坳陷现今地质图可以看出:坳陷东部最北边的背斜带出露的是下白垩统巴什基奇克组,坳陷中部的背斜带出露古近系库姆格列木群,坳陷西部南侧的背斜出露新近系吉迪克组,而拜城凹陷南部形成的最后一期背斜构造——秋里塔格构造带则出露库车组地层(图4-55)。因此造成了库车坳陷东部库车河地区自北向南发育三排

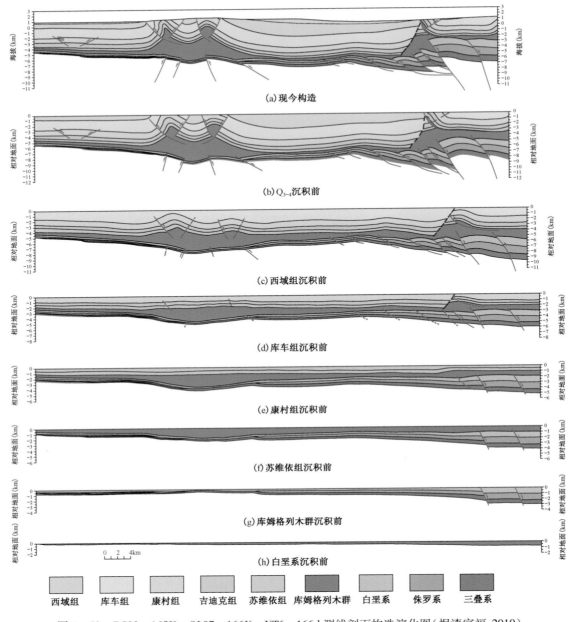

图 4-53　BC08-165K+QL07-166K+YT6-166d 测线剖面构造演化图（据漆家福,2010）

图 4-54　克拉苏构造带中段遥感影像图

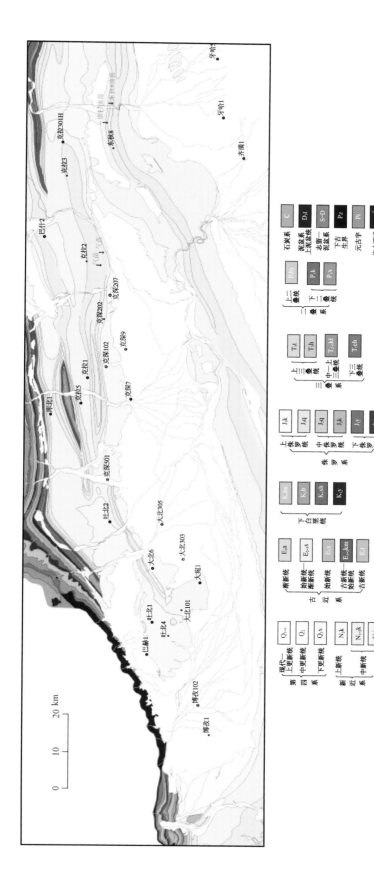

图4-55 克拉苏构造带中段区域地质图

背斜构造,而中东部克拉苏河地区发育两排背斜构造,中西部卡普沙良河地区为一排,到西部博孜地区尚未发育背斜构造。背斜构造的出现可以影响来自物源区碎屑物质的搬运距离,从而控制了砾岩层的分布范围。例如博孜地区处在最西端,构造挤压强度最大,山前是一片空旷的斜坡区,来自木扎尔特河水系的碎屑物质源源不断的在此处堆积,直至秋里塔格构造带形成后,博孜地区砾岩层的分布才受到阻挡产生向东推进的趋势,而克拉苏河地区发育两排背斜构造,因此最早期的砾岩层分布在第一排构造北部,中期的砾岩层分布在两排构造之间,最晚期的砾岩层则进入拜城凹陷,仅分布在第二排构造南侧,分布范围比博孜地区砾岩层更为局限。

4. 干旱—半干旱的气候条件为冲积扇发育提供了必要的条件

从前面沉积相的平面分布特征可以看出(图4-21、图4-24、图4-27、图4-32、图4-33),该地区砾岩的分布范围与沉积相展布情况密切相关,库车组、西域组冲积扇极其发育直接导致了砾岩展布范围的扩大。而根据古气候研究,新近系—第四系库车地区为干旱—半干旱的气候条件,地表植被不发育,物理风化强烈,降雨量少,多为间歇性水流或洪水,洪水短暂而猛烈,可提供大量的近源碎屑物质,在山口外开阔平缓的地区形成冲积扇,这类干旱气候下形成的旱地扇砾石分选差,混杂堆积,纵向粒度变化快,而且碎屑流发育,沉积构造较少。但是缺乏河道的摆动和破坏,故扇形清楚,主河道或单一河道发育,相带分布清晰。

第五章　砾岩层预测在油气勘探中的应用

　　浅层巨厚砾岩是影响圈闭落实精度、钻井速度的最主要因素,表现在以下四个方面:(1)对速度的影响,砾岩发育区往往表现为异常高速,且速度横向上变化剧烈;(2)对地震资料处理的影响,砾岩发育区的速度突变,导致地震资料偏移成像不准;(3)对圈闭落实的影响,由于砾岩区速度横向变化大,直接影响了圈闭落实、层位预测精度;(4)对钻井工程的影响,砾岩给钻井工程带来很大困难,砾岩发育区可钻性差,导致钻井周期长。为此对砾岩发育区采取了地震非地震一体化攻关,形成四项配套技术:砾石发育区多信息融合速度建场技术、地震处理技术、构造圈闭落实技术和钻井工程对策。

第一节　砾石发育区多信息融合速度建场技术

　　库车前陆冲断带浅层砾岩发育区,存在高速砾岩引起的速度异常变化带。对这类速度变化区,无论是地震处理中的速度谱资料,还是已钻井层速度资料(层速度充填法或量板法)都不可能进行准确表达,难以建立精确的速度场和实现圈闭准确落实。

　　通过实际生产研究,在地震—地质—非地震一体化砾岩精细雕刻、沉积相带划分基础上,确定砾岩沉积模式与速度变化特征。在此基础上,根据地震属性及反演,确定砾岩发育区速度;通过电法与速度的关系,将三维电法资料反演成三维速度体;通过重力场与密度及声波速度的关系,将三维重力资料反演成三维速度体。再利用井速度、砾岩沉积相变化规律将利用三种方法求取的速度场进行融合及修正,最后将这种地震、非地震、地质多信息融合建立的速度场用于变速成图。由于该速度场较仅使用地震速度单一资料建立的速度场更符合地质规律,更合理、准确,构造成图精度更高,取得了良好的应用效果。

一、砾岩沉积成因模式及速度变化特征

　　库车坳陷中部砾岩的沉积发育模式主要受控于木扎尔特河、卡普沙良河以及克拉苏河三大水系形成的冲积扇(谭秀成等,2006)。根据砾岩层的成因、粒度、成分及其分布特征,认为库车坳陷砾岩层的发育主要沉积模式有三类:一是博孜1井模式,从吉迪克组—第四系的冲积扇,自下而上扇体的发育规模逐步增大,局部地方砾岩层集中发育,受长期供给物源的继承性冲积扇控制,砾石大、成分复杂,表现为高速异常,向扇端方向速度逐渐变小,纵向上不同期次的扇体控制的砾岩速度不相同(图5-1a);二是大北6井模式,由于构造挤压造成断层上下盘差异升降,断层上盘遭受剥蚀,下盘快速堆积,形成巨厚层砾岩沉积,构造活动的强弱控制砾岩层分布规模,该沉积模式砾岩表现高速异常,纵向上速度变化差异小,横向上高速区延伸范围小,一般与断层走向平行的条带状展布,在砾岩沉积边界速度骤然减小(图5-1b);三是克深7井模式,在干旱—半干旱气候条件下,间歇性水流或洪水作用形成以薄层砾岩为主的砾岩沉积,砾岩混杂堆积、分选差,纵向粒度变化快,高速砾岩在纵向上变化梯度也大,高速区分布范围主要局限在河道控制范围内,向河道两侧速度迅速减小(图5-1c)。

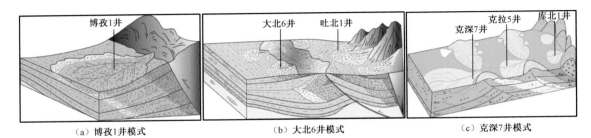

| （a）博孜1井模式 | （b）大北6井模式 | （c）克深7井模式 |

图5-1　砾岩的三类沉积成因模式

二、根据地震属性及反演确定砾岩发育区速度

以利用地震资料对大北三维地震区新近系库车组砾岩为例进行阐述,该套砾岩对圈闭落实和层位预测的影响极大。通过地震属性剖面的解释,大北1气田砾岩主要发育北部山前部位,受不同期次的冲积扇控制。沿 T_{N_2k}（新近系库车组）反射层之上600ms提取的均方根振幅属性图清晰的反映大北1气田北部山前的扇体发育情况（图5-2）,图中均方根振幅相对高值（相对值60~90,黄色—红色区域）对应砾岩分布区,均方根振幅相对低值（相对值20~60,蓝色—绿色区域）对应砂、泥岩互层分布区。

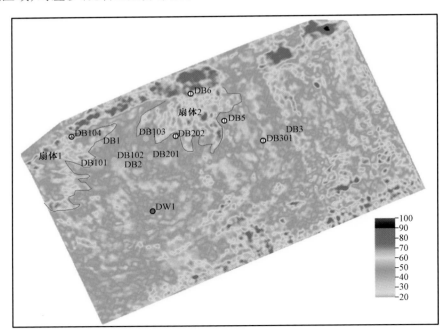

图5-2　大北1气田沿 T_{N_2k}（库车组）反射层之上600ms均方根振幅属性平面图

均方根振幅属性特征反映大北1气田北部发育两个扇体,扇体1由北西—南东展布,扇根部位大北104井库车组层速度4380m/s,扇端部位大北101井、大北1井库车组层速度分别为4010m/s、4150m/s,由扇根到扇端层速度逐渐减小;扇体2由北北东—南南西展布,扇根部位大北6井库车组层速度4950m/s,靠近扇端部位大北202井库车组层速度3840m/s（表5-1）,同样由扇根到扇端层速度逐渐减小。大北1气田北部山前冲积扇的发育决定了砾岩的分布,由扇根到扇端砾岩逐渐减少、泥岩成分逐渐增加,相应的层速度逐渐减小,由于扇体的分布范围有限,决定了该区北部高速区域分布范围有限,造成了该区速度横向变化大的特点。

表 5 – 1　大北 1 气田已钻井库车组平均速度表

井名	大北 104 井	大北 101 井	大北 1 井	大北 6 井	大北 202 井	大北 301 井
平均速度(m/s)	4380	4010	4150	4950	3840	4200

大北 1 气田地震均方根振幅属性相对值反映了该区扇体及岩性的变化,也反映了该区速度横向变化特征,根据已钻井附近均方根振幅属性相对值的大小及钻井层速度之间关系建立层速度计算量板,y 轴代表井速度值,x 轴代表均方根振幅相对值,该区层速度与均方根振幅呈正相关的对数关系,即:$y = 1277.7\ln(x) - 186.45$(图 5 – 3)。

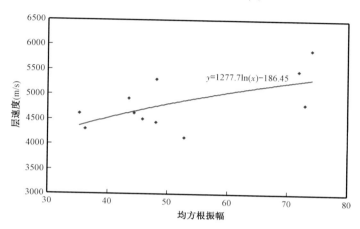

$$y = 1277.7\ln(x) - 186.45$$

图 5 – 3　大北 1 气田库车组均方根振幅与层速度关系量板

利用均方根振幅属性平面图相对值及层速度计算量板关系式计算大北 1 气田库车组层速度(图 5 – 4a)。这种层速度算法在大北三维地震区取得了较好的应用效果。大北 1 气田浅层速度横向变化大、控制因素不清楚,一直是制约该区圈闭精确落实与评价勘探的难点。通过本次研究,认为该区浅层速度剧烈变化主要与砾岩分布有关、受扇体空间展布控制。利用均方根振幅属性与已钻井层速度建立的层速度计算量板计算库车组层速度,该方法计算的层速度(图 5 – 4a)与常规方法计算的层速度(图 5 – 4b)存在较大差异,利用均方根振幅属性计算的层速度变化规律与扇体的分布更具有相关性(图 5 – 2 和图 5 – 4a),变速成图后圈闭的结构、地层倾角及埋深与实钻更加吻合。

三、三维电法反演速度体

电阻率测井曲线可以近似地变换成速度曲线,进而得出波阻抗曲线和反射系数曲线。因为岩层速度和岩层电阻率都是随岩层孔隙率增加而变小,两者之间的关系可用 Faust 公式表示:

$$v = KH^{1/6}R^{1/6}$$

式中　　v——速度,m/s;

　　　　H——深度,m;

　　　　R——电阻率,$\Omega \cdot$ m;

　　　　K——一个与岩石性质有关的常数,式中 K 可以根据不同地区选择不同的常数。

Faust 公式使用范围是深度大于 200m,自然电位曲线上没有特殊的峰值,并且地层水的矿化度变化很小的地层。在没有或缺少测井资料,但有大地电磁测深资料的地区,可以用该经验

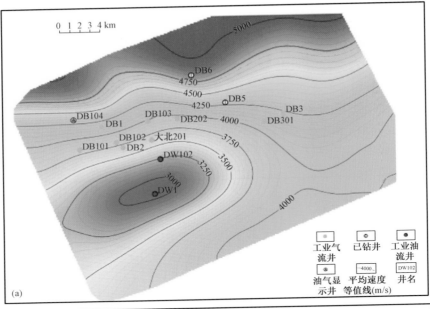

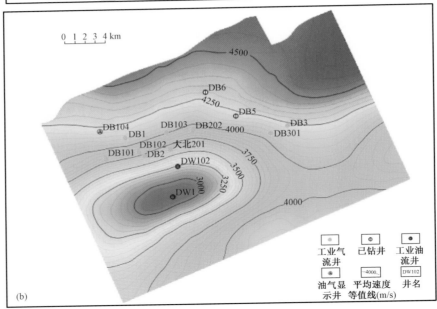

图 5-4　大北 1 气田 T_{N_2k}(库车组)反射层平均速度平面图

公式建立电阻率与速度的关系。以往利用电阻率对速度的研究仅是定性分析速度分布规律，在采集三维重磁电资料后，利用三维电阻率反演的数据体根据 Faust 公式转换即可得到砾岩发育区速度。通过该方法获得的砾石区速度趋势与井速度趋势基本一致，即电阻率剖面上高速区的范围与已钻井砾岩范围基本吻合，但砾岩层段速度较实钻往往偏小。

　　通过对大北地区第四系高速砾岩和新近系库车组高速砾岩进行精细研究，获得了高速砾岩在空间的发育形态和速度变化规律，利用该研究成果采取成熟的层速度充填变速成图方法，得到了该区更加准确的速度场。图 5-5 是该区没有考虑高速砾岩影响前和考虑高速砾岩后的古近系盐顶平均速度平面图的对比，可以看出，通过考虑高速砾岩的影响后（图 5-5b），该区的速度规律更加合理。以前未考虑砾岩的速度平面图（图 5 - 5a）工区北部为一低速带，但实际上该区为一逆掩冲断区，逆掩断层下盘发育高速砾岩，在三维电法资料上表现非常明显，通过将电法转换为速度后，工区北部表现为高速，更符合地质规律。

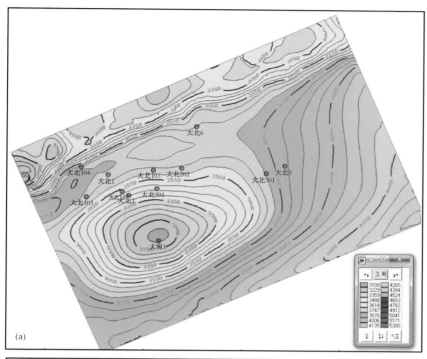

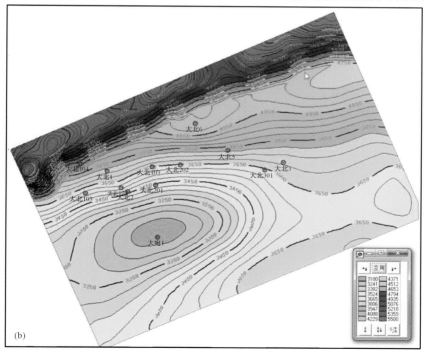

图 5 - 5　大北地区古近系盐顶平均速度平面图新老对比

四、三维重力资料反演三维速度体

砾岩发育区电阻率表现异常高值，与三维重力资料对比，砾岩发育区重力值也表现为异常高，而且横向变化特征与三维电阻率资料基本一致。利用三维重力资料反演三维密度体，根据密度与声波速度的关系计算出三维速度体(图5-6)。提取三维重力反演的速度体过井剖面速度变化曲线，与VSP测井速度、声波时差速度进行对比，重力反演的速度曲线与VSP、声波时差速度曲线变化趋势基本一致，但重力反演的速度值偏低，通过多井对比均表现为同样特征(图5-7)。因此，利用已钻井测井速度对重力反演的三维速度场进行整体校正，最终得到大北地区三维速度体(图5-6)，并用于变速成图速度建场。

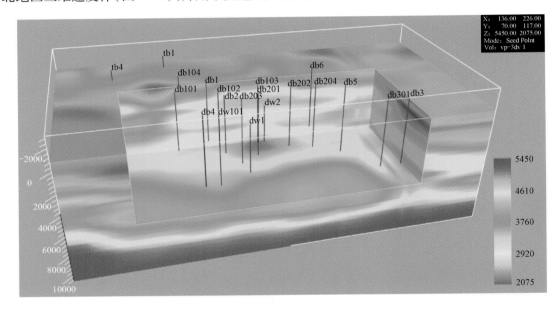

图5-6 大北地区三维速度场立体图

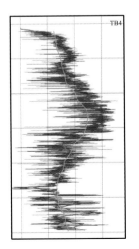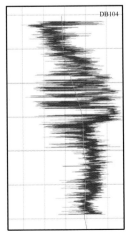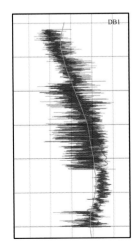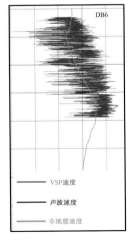

图5-7 大北地区测井VSP、声波与过井非地震速度曲线对比图

五、地震—地质—非地震多信息融合速度建场

由于库车前陆冲断带沉积环境变化快,砾岩发育具有不同特征,大部分为局部发育,少数为大面积发育,为此建立速度场时必须同时考虑砾岩发育和相对不发育区。对于砾岩不发育,速度横向变化相对稳定区,以层位充填法速度建场为基础,速度控制层速度重点利用井速度资料拟合速度量板,根据控制层的等 T_0 图,建立控制层速度。对于砾岩发育区,量板法无法对高速砾岩发育,且速度横向变化快区域进行准确表达,因此在前述地震属性及反演,确定砾岩发育区速度,三维电法反演速度体、三维重力资料反演三维速度体三种速度求取方法基础上,再利用井速度、砾岩沉积相变化规律,重点是结合地震、非地震、地质资料,考虑岩性、电性的变化及相互对应关系,除考虑速度变化的地球物理特征外,还将岩石物理特性融入到速度研究中,最终形成地震、非地震、地质多信息融合的速度场,并将该速度场用于变速成图。

砾岩发育区多信息融合速度场取得了较好的应用效果。以大北三维地震区大北 201 断块成图进行说明。首先是考虑砾岩影响后,从主要高速砾岩发育底界(新近系库车组底)平均速度平面图可以看出北部发育范围较小的高速区(图 5 - 8a),与发育高速砾岩范围基本吻合。而未考虑砾岩的速度平面图(图 5 - 8b)工区北部也存在一个相对高速区,但其范围明显大于砾岩发育范围,砾岩发育区速度又明显低于砾岩真实速度,不符合地质规律。利用新建立的考虑高速砾岩速度场对大北 201 构造进行变速成图以后,构造形态也发生了较大变化,图 5 - 9是大北 201—大北 6 号构造考虑高速砾岩影响前后的构造图对比,可以看出,考虑砾岩影响后,构造高点向南偏移,构造高点由两个变为一个,大北 6 号构造高点不存在了,大北 6 井位于斜坡上,构造图与实钻完全吻合。

由于该速度场较仅使用地震速度或井速度单一资料建立的速度场更符合地质规律,更合理、准确,构造成图精度更高,取得了良好的应用效果。用该方法重新落实了大北、克深地区一批圈闭、上钻了一批井位,证明圈闭落实精度明显提高。

第二节　砾岩发育区地震处理技术

库车前陆冲断带均为逆掩推覆、高陡构造区,远远超出了时间偏移处理的水平层状或均匀介质假设的要求,同时该区域高速砾岩层发育,导致速度横向变化大,且不同方向速度存在明显差异,各向异性问题严重。因此对这类地区只有通过各向异性叠前深度偏移处理,才能达到提高地震资料成像质量、准确落实圈闭的目的。

一、各向异性叠前深度偏移速度建模方法

速度建模是叠前深度偏移资料处理的关键和核心。砾岩发育区速度建模及各向异性参数求取,主要可分为以下六个主要阶段:

1. 层位解释及浅、表层模型建立

速度—深度模型建立的第一步是准确的层位解释。库车坳陷经历了多期构造运动,其中以喜马拉雅运动的影响最为明显。在喜马拉雅期,南天山造山带强烈抬升,产生区域性的向南挤压的应力场,导致坳陷内发育典型的冲断—褶皱构造;坳陷内断裂复杂,控制着构造的发育

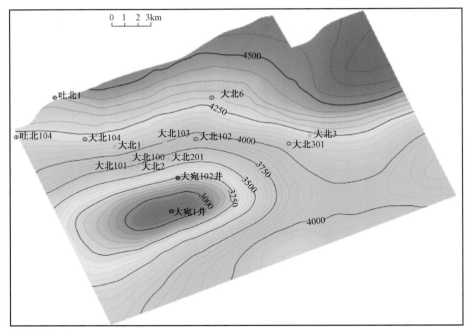

(a)考虑砾岩前

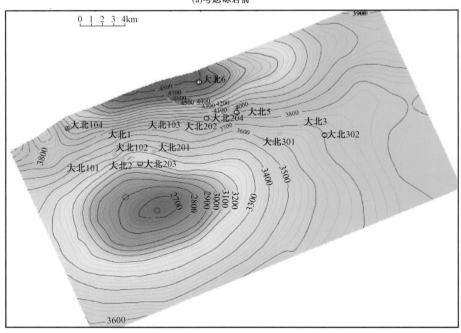

(b)考虑砾岩后

图5-8　大北地区考虑砾岩前后T_{N_2k}反射层平均速度平面图

与展布。该工区层位解释存在两个难点：一是盐下层发育以沿中生界底滑脱为主的叠瓦状构造，断裂复杂，难以连续追踪；二是浅表层资料信噪比低，地层产状变化大，地层解释及速度模型建立困难。

　　浅表层构造解释及速度模型建立从三个方面着手：

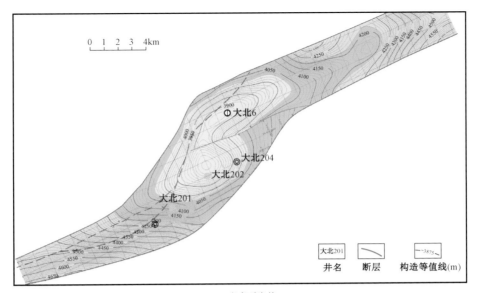

(a)考虑砾岩前

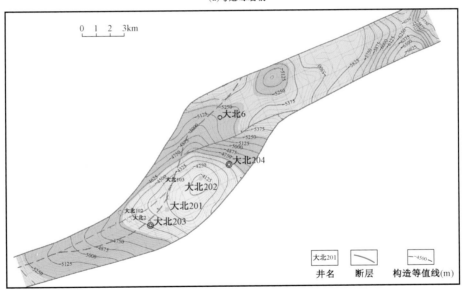

(b)考虑砾岩后

图 5-9　大北 201 号构造考虑砾岩前后白垩系顶面构造图

（1）利用地质露头信息，确保浅层构造模型合理。鉴于浅层资料信噪比低、解释难度大，充分利用地质露头信息，在地震剖面上建立了浅表层构造模型。

（2）利用表层调查信息，对表层结构进行分析。利用小折射、微测井等信息，分析表层结构和速度的空间变化，作为浅层速度模型的约束条件。

（3）层析反演近地表模型。由于浅层资料信噪比低，难以用来反演出可靠的近地表速度，因此浅层速度模型的建立历来是叠前深度偏移建模的难点。采用初至波层析反演的方法，得到近地表速度信息，结合近地表调查结果，得到了比较可靠的近地表模型。

通过处理解释一体化，开展中浅层层位解释，确保层位解释既符合实际地下地质构造，又利于叠前深度偏移速度建模工作的开展。

2. CVI 垂向速度分析

以往使用均方根速度经 DIX 公式求取初始层速度进行深度—速度建模,由于均方根速度是在层状或连续介质的条件下定义的,要求速度横向变化较平缓,高速砾岩及逆掩推覆体发育的复杂构造区不满足上述条件,均方根速度与地层速度有着较大的差异;同时,DIX 公式仅适用于地层倾角小于 5°的情况。

约束层速度反演(CVI)是一种稳定的反演方法,从一组稀疏、不规则拾取的叠加或均方根垂向函数来创建地质约束的瞬时速度的方法。它主要适用在包含连续的沉积岩地区,在这些地区速度随着深度的增加而增加,同时速度在横向上也会发生变化。与原沿层建模方式相比,CVI 的速度建模方式效率更高,方便对整体速度规律进行调整,能够很快完成多次迭代处理,可以较好消除复杂构造区均方根速度与地层速度的差异,在复杂构造区的成像效果优于沿层速度迭代;在地质结构认识不清的速度建模初级阶段,可以帮助改善成像效果。

3. 沿层速度分析

基于垂向 CVI 反演得到的层速度模型,可进一步加入层位信息,对砾石层发育的速度异常区进行迭代,使其符合速度区域变化规律。做好"三结合",即地震与非地震结合、地震与地质结合、地震与钻井结合。

(1)地震与非地震结合。砾岩发育区处理工作能否取得成效,最关键的技术环节是对高速砾岩的准确刻画。高速砾岩在地震剖面上特征不是特别明显,因此,对高速砾岩的刻画和描述成为速度建模的瓶颈问题。研究发现,在非地震电法资料上,高速砾岩的特征比较明显。图 5 – 10 是库车坳陷大北地区地层电阻率的空间显示,从中可以清楚地看出第四系西域组及古近系库车砾岩层的分布。因此,将非地震资料用于速度模型建立,即利用三维电法资料对其范围进行研究,利用重力约束反演所获地层密度分布对速度场及低密度盐层分布进行研究,即采用三维地震非地震联合反演技术。

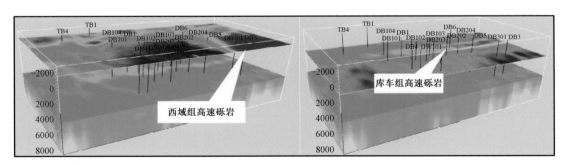

图 5 – 10　大北地区电阻率空间分布图

(2)地震与地质结合。利用沉积相等地质研究成果刻画砾岩纵横向分布特征,同时结合地震反演结果如波阻抗反演、地震属性等研究砾岩的速度变化(图 5 – 11)。

(3)地震与钻井结合,控制区域速度变化规律。大北地区地下地质结构复杂,速度变化规律难以掌握。因此,对钻井信息的合理利用显得尤为重要。本次首先通过测井曲线,了解区域速度变化规律,并参考以往各目的层的平均速度平面图,使速度场的变化基本符合地质规律;其次,通过各地质层位的钻井深度与相应地震深度的对比,对两者深度误差进行分析,调整速度模型,从而保证叠前深度偏移结果与钻井结果之间具有一定的规律性(图 5 – 12)。

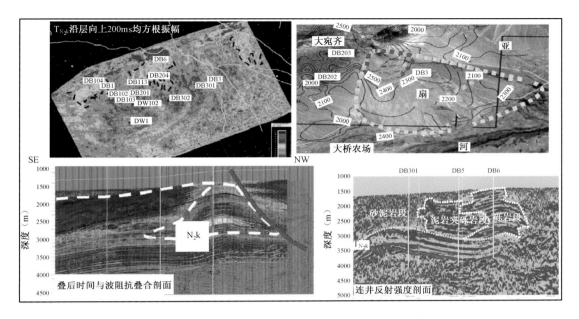

图 5-11 地震与地质结合研究砾岩变化

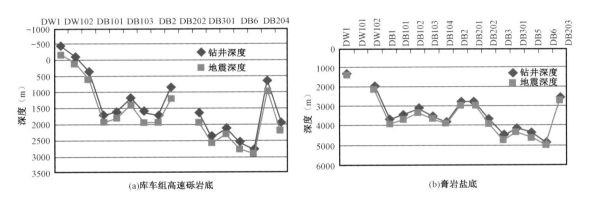

(a)库车组高速砾岩底   (b)膏岩盐底

图 5-12 目的层钻井深度与地震深度折线图

通过三个结合,可使速度模型更加符合地质规律,进一步改善偏移成像效果。

4. 各向异性速度建模

根据 Thomsen 公式的定义,描述水平介质的 VTI 各向异性需要 3 个参数:V_{p0}(纵波垂直方向传播的速度)、δ(描述垂向速度的变化程度,该参数影响偏移深度与井资料的吻合度)、ε(纵波各向异性强度,该参数描述水平与垂直方向速度的差异,影响偏移道集在远炮检距是否校平),而描述符合库车坳陷实际情况的倾斜介质 TTI 各向异性需要 5 个参数,除了 VTI 各向异性所需要的 3 个参数外,θ 与 φ 分别描述 TTI 各向异性地层的倾角(θ)和方位角(φ),它影响成像的位置的准确性。在 VTI 各向异性偏移中,要在各向同性速度迭代的基础上,继续对 V_{p0}、δ、ε 三个参数进行迭代(图 5-13),而 TTI 除了前 3 个参数外,还需要对地层的倾角(θ)和方位角(φ)进行迭代(图 5-14),得到最终的各向异性速度场的各向异性参数,使深度偏移成果与井资料更好的吻合。

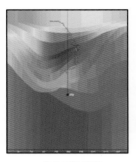 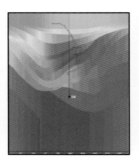 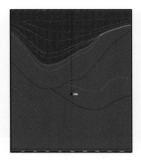 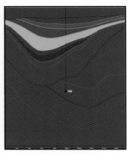

(a)各向同性速度　　　　(b)各向异性速度　　　　(c)各向异性Delta参数　　　(d)初始各向异性Epsilon参数

图 5－13　VTI 介质各向异性参数

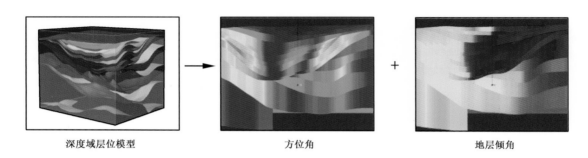

深度域层位模型　　　　　　　　　方位角　　　　　　　　　　地层倾角

图 5－14　TTI 各向异性地层的倾角(θ)和方位角(φ)参数

通过迭代确定了其他各向异性参数后,通过对 ε 进行迭代,可进一步提高偏移成像效果。

5. 网格层析

基于网格的层析成像速度建模技术是在基于沿层层析成像技术的基础上利用提取的构造属性来约束层析成像射线追踪和层位自动拾取,进而生成三维层析成像方程,然后进行三维网格层析成像来修改层速度模型,通过多轮速度迭代,最终使深度偏移道集同相轴拉平。相对于沿层的层析成像方法而言,该方法对大套地层间的速度变化描述的更加准确,在地震资料具有一定信噪比的前提下,对层间的速度异常也能进行比较准确的描述。

因此,基于如前所述步骤建立的速度模型,可在具有一定信噪比区域进一步通过网格层析提高速度模型的精度和偏移成像效果(图 5－15)。

6. 各向异性速度模型调整

随着速度建模过程中对一些地质现象的进一步认识,可通过调整各向异性速度模型进一步改善偏移成像效果。在库车坳陷博孜工区内冲积扇与东北部山体之间形成了一条冲沟,其下伏地层速度偏低,基于这种认识,再结合电法反演的速度,对速度模型进行调整,可明显改善主要目的层的偏移成像效果(图 5－16)。

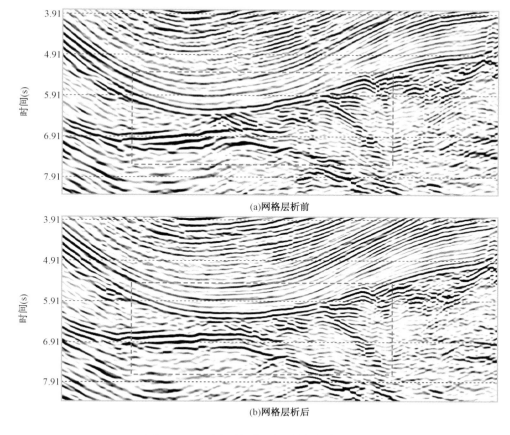

(a)网格层析前

(b)网格层析后

图 5 – 15　网格层析前后深度偏移效果对比

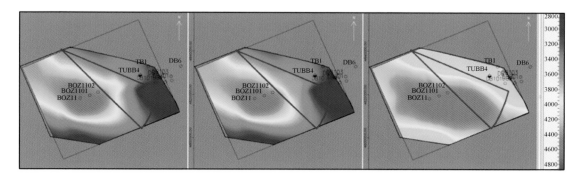

图 5 – 16　速度调整前(左)、速度调整后(右)与电法反演速度平面图对比

二、叠前深度偏移处理效果

通过砾岩发育区 TTI 介质各向异性叠前深度偏移处理,基本消除了上覆地层速度变化影响,构造成像更清晰,明显好于时间域;偏移归位更准,断片间的接触关系更清楚;构造形态更真实可靠,无论是克深区块、大北区块还是博孜区块均解决了砾岩在时间域的上拉现象,为区块圈闭较准确的落实奠定了基础(5 – 17)。

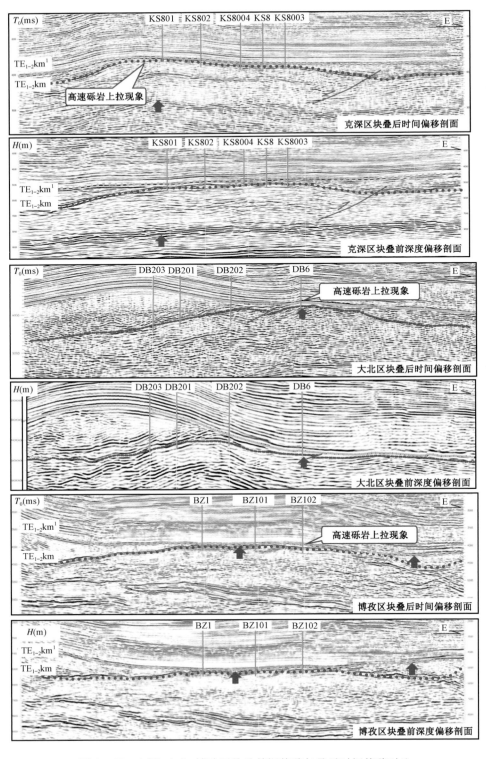

图5-17　克深、大北、博孜区块叠前深偏移与叠后时间偏移对比

第三节　砾石发育区构造圈闭落实技术

库车砾岩发育区地质结构复杂,圈闭落实精度受多种因素的影响,为明确影响圈闭落实精度的因素,对库车地区1997年以来已钻井误差进行统计和分析。分析表明产生圈闭与实钻误差的原因包括6个方面:(1)偏移量误差;(2)层位识别误差;(3)变速方法误差;(4)膏盐岩层误差;(5)砾岩相关误差;(6)构造模型误差(图5-18)。

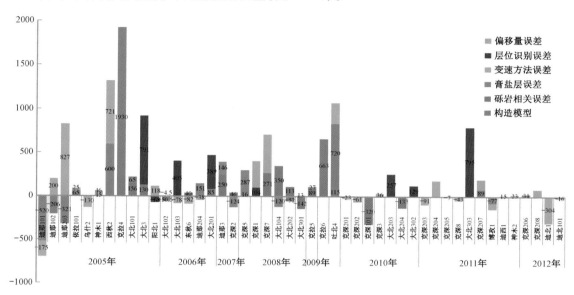

图 5-18　库车坳陷 1997 年以来已钻井误差按年代统计

随着地震采集处理攻关力度不断加强,勘探程度的不断提高,库车前陆冲断带砾岩发育区基本被三维地震和三维重磁电资料所覆盖。经过各向异性叠前深度偏移处理攻关,该区地震资料成像质量显著提高,由构造模型误差、层位识别误差以及变速方法误差对圈闭落实精度的影响逐年降低,但砾岩相关误差、叠前深度偏移资料的偏移量误差和膏盐岩层误差未得到很好的解决,特别是砾岩相关误差成为影响圈闭落实精度的最主要因素,因此开展了砾岩发育区圈闭落实方法攻关,提出了三维各向异性叠前深度偏移深时转换圈闭落实方法。

一、三维各向异性叠前深度偏移深时转换圈闭落实方法

库车地区一般采用时间域地震资料变速成图和叠前深度偏移解释两种传统方法落实圈闭。这两种方法各具优缺点,但都难以实现砾石发育区圈闭精细落实。

时间域地震资料变速成图的优点是技术较成熟,有系列的变速成图方法技术,而且能及时修正;其缺点是其算法是在水平层状或均匀介质假设基础上的,由于库车前陆冲断带为山前高陡复杂构造带,受算法的限制,时间域地震资料存在偏移不足的问题,导致断层、构造位置不准,构造形态不合理、规模往往偏大等,用该资料得到的目的层构造图,基本能满足预探井部署需求,难以满足评价井和开发井部署需求。

叠前深度圈闭落实方法通过对叠前深度偏移资料进行构造解释得到目的层构造图。各向异性叠前深度偏移地震资料在建立速度模型和各向异性参数过程中,考虑了砾岩的影响,其优

点有:成像质量明显好于时间域,特别是目的层各断片信噪比更高,接触关系更清楚,更有利于圈闭准确落实。各向异性叠前深度偏移地震资料偏移归位更合理,基本解决了时间域资料盐上高陡层、目的层偏移量问题,反映构造位置相对准确、形态合理。叠前深度偏移算法以及其钻探均证实叠前深度偏移地震资料能够实现地下反射位置准确归位,可以解决叠后时间偏移存在的问题(图5-19)。

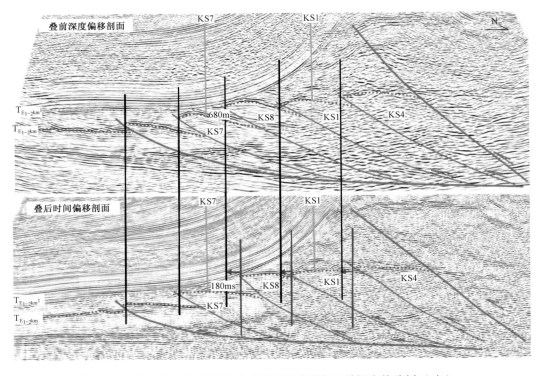

图5-19 过克深1井、克深7井叠后时间偏移与叠前深度偏移剖面对比

克深地区实钻证实叠前深度偏移资料成像品质与精度均好于时间域资料。克深三维地震区克深7井在南北向叠后时间偏移剖面上位于构造高点,膏盐岩厚度只有180ms,利用该井实钻盐层4400m/s的速度计算厚度只有396m。叠前深度偏移显示构造向南偏移,克深7井钻探在构造北翼,相对时间域其构造高点向南偏移约1.5km,膏盐岩厚度约为680m(图5-19),实钻证实膏盐岩厚度为749m,说明叠前深度偏移反映克深7号构造位置与实钻基本吻合。同时三维地震区的克深2号构造上的克深2井、克深201井在时间域剖面上在构造南翼,叠前深度偏移反映两口井在构造高点偏北的位置,在深度偏移资料上克深1、克深2号构造相对时间域整体向南偏移约1.5km,与实钻基本符合。克深1、克深2号构造北部的克深4、克深6号构造区与南部的克深8号构造区也存在同样现象,深度偏移反映井的位置与实钻基本符合(图5-19)。同时从过克深8号构造东西联络测线可以看出,在叠后时间偏移剖面上构造高点在构造西部克深801井偏西的位置,构造东西范围窄,往东呈埋深逐渐增加趋势;而在各向异性叠前深度偏移剖面上,发育东西两个高点,最高部位在东高点的克深8井位置,高点相对叠后时间偏移资料东移13km,在克深801井发育西高点,构造东西范围宽,圈闭面积大。实钻反映的构造特征与叠前深度偏移资料基本一致,究其原因是西部发育高速砾岩,导致时间域剖面上出现上拉现象,而叠前深度偏移剖面得到了较好解决,说明深度偏移资料对地质体的偏移归位比叠后时间偏移更准确,基本可以将地质体偏移到真正的位置(图5-20)。

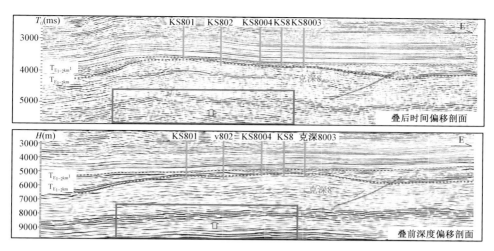

图 5-20 过克深 8 号构造东西向叠前深度偏移与叠后时间偏移对比

为了证实上述观点,利用克深地区实际地质模型进行了模型正演,并对正演数据分别进行叠后时间偏移和叠前深度偏移处理。处理结果表明,在已知速度的情况下,叠后时间偏移无法将盐下构造准确偏移归位,该资料反映盐下构造相比实际位置整体向北偏移了 1~1.5km,而叠前深度偏移则归位较好,基本与实际模型吻合(图 5-21)。

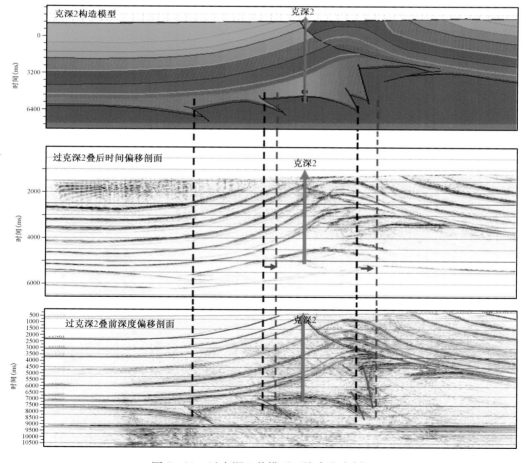

图 5-21 过克深 2 井模型正演南北向剖面

叠前深度偏移资料主要存在两方面的缺点:一是与已钻井存在一定深度误差,由于山前构造沉积复杂,发育多期冲积扇沉积,并控制砾岩分布,速度横向变化大,同时构造变形复杂、断片埋藏深、构造范围窄,精确地速度建模极其困难,同时叠前深度偏移算法也决定地震资料与实钻存在不同程度误差,可以缩小但必然存在;二是利用深度偏移资料解释的构造图反映的构造形态,已钻井深度、倾角与真实地下构造存在明显差异,必须进行构造图的深度、形态校正。由于深度偏移处理周期长,对发现的构造形态不合理等现象通过一轮深度偏移处理来解决不现实,因此必须对叠前深度偏移构造图进行校正。以往常用的校正方法是利用井震相对误差拟合曲面进行构造图校正,其主要缺陷是对井依赖程度高,如果各井误差差异大、正负方向不一致,就难以拟合出一条合适的校正曲线,导致解决构造形态误差困难;另一方面,在构造翼部往往控制井少甚至缺乏控制井,误差趋势面不清楚、不确定因素大,也无法对校正结果进行验证。

为此提出了利用叠前深度偏移转时间域(简称深时转换)结合砾岩相控速度场,通过速度来校正叠前深度偏移构造图,落实圈闭的思路:深时转换是指利用深度偏移速度场将深度域资料转到时间域剖面。由于叠前深度偏移对地质体的成像位置较准确,深时转换后地震资料信噪比及同相轴纵向位置不变,继承了深度偏移资料优势,其成像质量、目的层信噪比、断片接触关系、构造形态及接触关系均优于叠后时间偏移资料,因此转换得到的时间域剖面对地质体成像位置反映也同样准确(图5-22)。

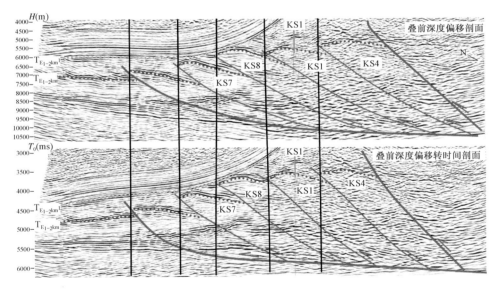

图5-22　叠前深度偏移剖面与深时转换剖面对比

深时转换方法还继承了深度偏移归位准确的优势。通过叠前深度偏移深时转换与叠后时间偏移剖面 VSP 标定对比发现,克深2井、克深202井标定相对较好,而克深1井由于盐上高陡层存在明显偏移不足的问题,导致剖面盐顶比实钻浅,造成预测比实钻浅1000m的误差(图5-23)。VSP资料对深时转换剖面的精细标定表明,深时转换剖面在克深1井、克深202井、克深2井等部位,无论盐上大倾角高陡层还是盐下倾角较小的层位偏移量都比较准确。

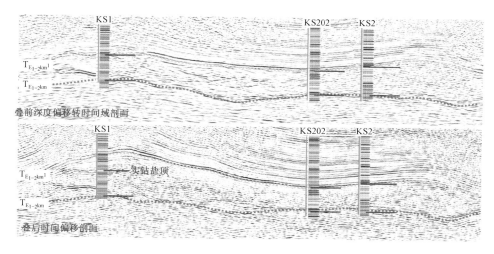

图5-23　深时转换剖面与叠后时间偏移 VSP 资料标定结果对比

深时转换资料还具有时间域资料变速成图技术较成熟、修正及时的优势。首先利用深时转换时间域资料进行构造解释得到等 T_0 图;然后通过砾岩相控速度研究成果,调整深度偏移速度场;用变速成图方法得到最终构造图,落实圈闭,达到提高圈闭研究精度之目的。

二、深时转换成图方法应用效果

以克深三维地震区克深 8 号构造为例,阐述深时转换落实圈闭的方法及其效果。首先在深时转换剖面上进行克深 8 号构造目的层的构造解释,得到该构造目的层等 T_0 图,然后利用深度域构造图除以深时转换时间域等 T_0 图,就可得到目的层校正前平均速度平面图(图5-24a)。根据实钻井的岩性、速度及三维电法勘探成果,克深 8 号构造西部的克深 801 井区在新近系发育高速砾岩,东部克深 8 井区无高速砾岩发育,砾岩从西到东逐渐减少,校正前的平均速度平面图反映的速度西高东低的变化趋势与实际地质规律基本一致,主要是细节与实钻速度变化情况存在一定差异。根据遥感、三维重磁电资料和实钻速度资料,克深 8 号构造西部高速砾岩范围明显宽于校正前平均速度平面图范围,而且冲积扇中心位置位于克深 801 井附近,而不在

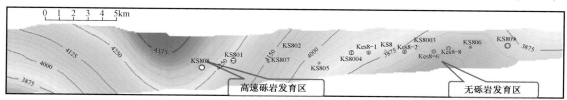

(a)克深8号构造白垩系顶面平均速度平面图（原始）

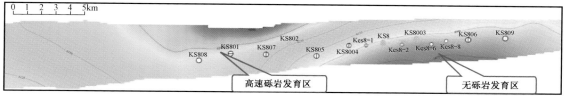

(b)克深8号构造白垩系顶面平均速度平面图（深时转换校正后）

图5-24　克深 8 号构造目的层平均速度平面图校正前后对比

校正前的克深 808 井西部。同时冲积扇范围向东扩大后,往东速度有所增大,梯度相对变小,速度总体趋势西北方向高,往南东方向逐渐变低,校正前在克深 806 井附近的低速区不符合地质规律,也与实钻明显不符,进行了相应的调整。对速度调整后得到构造图进行反复对比分析,以构造图上井的深度与实钻一致,构造轴线位于两条断层中部,并与断层平行等这些地质规律为准则,对克深 8 号构造目的层平均速度平面图进行反复调整,得到最终的目的层平均速度平面图(图 5 –24b)。用该速度与用深时转换资料得到的等 T_0 相乘,就得到了最终的构造图(图 5 –25d)。

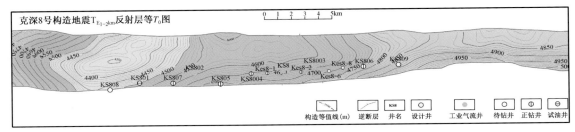

(a)时间域等T_0图(2009年)

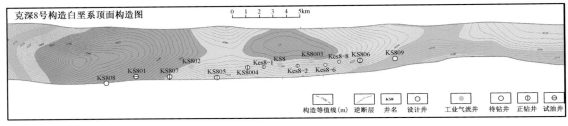

(b)叠后时间偏移变速构造图(2009年)

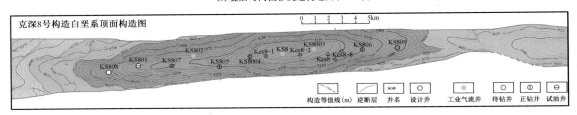

(c)叠前深度偏移成图未校正

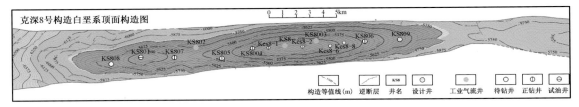

(d)深度偏移成图深时转换校正后

图 5 – 25 深时转换与深度偏移资料落实圈闭对比

为对比深时转换构造成图效果,对克深 8 号构造用叠后时间偏移资料得到的等 T_0 图(图 5 –25a)、经过变速成图后的构造图(图 5 –25b)、用叠前深度偏移资料解释得到的原始构造图(图 5 –25c)和深时转换后得到的构造图(图 5 –25d)进行对比分析发现:在时间域 T_0 构造高点在西部克深 808 井北部,经过变速,东部出现一个局部高点,构造主高点还位于构造西部。

利用叠前深度偏移资料解释的原始构造图断层及构造位置整体向南偏移约 1.5km,经过深时转换变速成图后,构造总体形态与叠前深度偏移资料解释的原始构造图相似,构造东西范围基本一致,南北方向主要是构造北部面积明显变小,深时转换构造图与已钻井深度、倾角完全吻合。构造高点位于东部的克深 8 井附近,在西部的克深 801 井还发育西高点,主高点位于东部。深时转换构造图与时间域变速构造图相比存在明显的差异,构造高点由时间域构造图西部变为深时转换构造图东部,高点东移 13km,特别是深时转换构造图较时间域构造图南北范围窄,构造往南移 1.5km 后,利用深时转换构造图部署的克深 801、克深 802、克深 8003、克深 8004、克深 805、克深 806、克深 807、克深 8-1、克深 8-2 等井位钻探证实与实钻基本一致,钻探效果好,均获得高产,在时间域构造图上部署井均在构造南部,而实钻克深 8 井、克深 8003 井倾向北倾、均位于构造高点偏北的位置,因此如果用时间域构造图部署该批井位,钻探成功率可想而知。

深时转换成图方法适合于砾岩发育且三维叠前深度偏移资料有一定信噪比的所有地区。深时转换方法已在库车前陆冲断带大北—克深 5—克深 2 三维地震区得到广泛使用,利用该方法落实的克深 2 井、克深 8 井、克深 5 井、大北 201 井、大北 3 井等构造精度显著提高,构造图形态合理,与井吻合程度高,完全满足与新钻井误差小于 3% 要求,该方法正逐步成为砾岩发育三维地震区主要圈闭落实技术。

第四节　砾石发育区钻井工程对策

一、砾石层钻井技术难点分析

1. 砾石井段长,井眼不稳定

松散砾石层深度一般从几十米到上千米不等。当井眼打开后,垮塌、掉块严重,单靠钻井液液柱压力不能阻止地层的垮塌。只有当井径扩大到一定程度,钻井液泥饼填充作用达到动态平衡后,井壁才能达到稳定的状态。

2. 蹩跳钻严重,钻具钻头损耗大

由于井底的大块砾石极易出现的垮塌和掉块,导致钻头蹩跳严重,钻进时无法合理加压,钻井参数难以选择,进尺很慢。单只钻头成本高,钻头消耗大;钻具由于蹩跳等产生的冲击载荷,易产生损伤。

3. 砾石层胶结差,渗漏严重

由于砾石层结构松散、胶结强度低,易产生渗漏。为提高携砂能力,增加钻井液悬浮力,又需要提高钻井液密度,从而加重了渗漏,增加了钻井液成本。

4. 井眼规则性差,井下事故多

由于垮塌、掉块以及"大肚子"井段的产生,使得井径扩大率增大,环空返速低,岩屑带出困难,形成砂床,停泵后砾石下落,易导致泵压升高,沉砂卡钻,易堵水眼等井下复杂情况发生。

二、砾石层钻井技术对策

1. 践行工程地质一体化理念，开展砾石层精细预测，是巨厚砾石层优快钻井，降本增效的基础

以博孜地区为例，博孜地区新生界西域组、库车组和康村组发育巨厚砾岩层，厚度约5000m，该套砾岩层分布复杂，整体钻时较高，且频繁发生井漏、遇阻、挂卡、鳖停、溢流、落鱼等工程复杂情况，钻井周期长，在一定程度上制约了博孜区块的气藏评价进度。根据钻井、测井、地震等资料的对比研究，探索发现博孜地区砾岩层的压实程度是影响其钻时高低和工程复杂的关键因素，压实程度低的砾岩层相对疏松，钻时较低，容易发现井漏、遇阻、鳖停、落鱼等工程复杂；压实程度高的砾岩层相对稳定，钻时较高，工程复杂情况减少。

践行工程地质一体化理念，利用地震—地质—非地震综合砾岩预测技术，系统开展了博孜地区砾岩层压实特征及其对工程钻井的影响研究。

(1)建立了博孜地区新生界砾岩层未成岩段、准成岩段和成岩段三层结构(图5－26)，其中未成岩段砾岩层渗透性好，单层厚度大，钻时较低约为30min/m，测井曲线呈箱形，含锯齿，表现为正差异特征；成岩段砾岩层渗透性差，单层厚度小，钻时较高约为80min/m，测井曲线呈箱形、漏斗形或钟形；准成岩段砾岩层特征介于未成岩段和成岩段之间。

(2)理清新生界砾岩层砾石成分、胶结物及物性特征，其中砾石成分以花岗岩、变质岩、玄武岩、石英砾、砂岩砾和石灰岩砾为主，胶结物以泥灰质胶结为主，测井解释孔隙度为1%～8%，平均为4%。

(3)明确博孜地区新生界砾岩层三个成岩阶段对工程的影响，其中未成岩段砾岩层欠压实，地层相对疏松，可钻性好，但极易发生井漏、落鱼、遇阻、鳖跳钻等复杂工况；准成岩段砾岩层为欠压实—压实过渡段，易发生井漏、遇阻、挂卡等复杂工况；成岩段砾岩层压实程度高，地层相对稳定，难钻，易发生遇阻、挂卡、鳖跳钻等复杂工况。

实现博孜103井、博孜104井三个成岩阶段及工程复杂预测(图5－27)，其中博孜103井未成岩段底深预测2090m，实钻2150m，误差＋60m；准成岩段底深预测2890m，实钻2817m，误差－73m，并用于优化二开中完井深；博孜104井未成岩段底深预测2020m，实钻1896m，误差－124m；准成岩段底深预测2420m，实钻2380m，误差－40m。博孜104井的砾岩层成岩阶段及工程复杂预测为工程钻井提供了有利地质依据，使得该井工程复杂情况显著减少，实现40%的钻井提速，提前100天完钻，节约了钻井成本，且进一步保障了博孜1区块天然气探明储量的顺利上交。

2. 合理设计井身结构，是钻穿砾石层的关键

合理设计井身结构，对不同胶结、漏失、垮塌程度的砾石层，分别用导管、表层套管、技术套管封隔，以减少上部地层复杂情况对下部施工的影响，这是顺利钻穿砾石层的关键。

库车前陆盆地第四系、新近系库车组砾岩胶结强度不高，易出现掉块导致井壁失稳，且存在多个水层；新近系康村组、吉迪克组砾石层段岩石强度高，钻井过程中容易导致跳钻现象，钻压波动较大。因此，在井身结构设计时，针对不同砾石层特点，用两层技术套管封固，确保优快钻进。

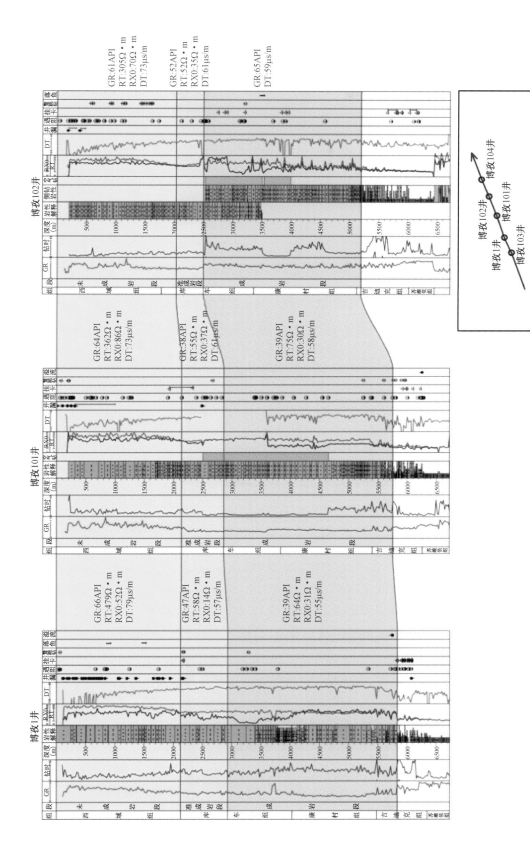

图5-26 博孜地区砾岩层未成岩段、准成岩段和成岩段三层结构特征

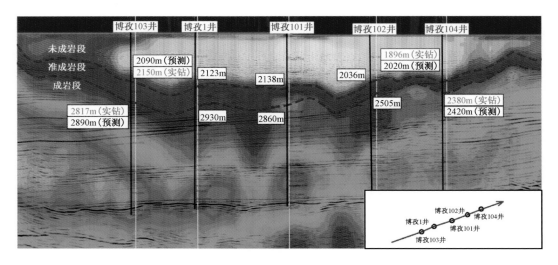

图 5-27　博孜 103 井、博孜 104 井地震—非地震三个成岩阶段预测剖面

（1）用导管封住地表第四系、库车组中坍塌、漏失最严重的砾石层，一般下深在 200～300m，目的是加固井口，封固上部疏松岩层。如博孜 101 井一开钻进至井深 21m（出导管 1.5m）发生井漏，静止观察（液面在井口），配堵漏浆 40m³，泵入堵漏浆 5m³，静止观察，灌浆保持液面在井口，漏失钻井液 2m³，钻至井深 138m 原钻头入井、组合双扶通井钻具下钻至 138m 遇阻 2t，上下活动不能通过，开泵井口失返（漏失钻井液 20m³），后环空灌浆观察（灌入钻井液 16m³，井口返出），循环观察后漏速降为 0。钻进至井深 317m 井漏（漏失钻井液 3m³），循环观察（漏失钻井液 8m³），钻进井漏（漏失钻井液 5.2m³，钻进期间间断漏失钻井液 32.7m³，本次累计漏失钻井液 48.9m³），循环观察，地面配堵漏浆静止观察，地面配堵漏浆 60m³；注堵漏浆 43.7m³ 见返，起钻至井深 150m 静止候堵，循环（期间漏失钻井液 4m³），静止候堵，下钻完循环排堵漏浆。

（2）由于二开井段都比较长，应用表层套管或技术套管封住胶结差、垮塌比较严重的砾石层，以减少垮塌砾石层对二开施工的影响，原则上下至新近系库车组底部，封固上部松散砾石层。如博孜 101 井起钻至井深 3423m 发现出口线流，立即关井，地面准备压井钻井液 350m³，相对密度 1.85，控制套压、节流循环压井，关井观察、地面准备相对密度 1.88 钻井液 300m³，节流循环压井，泵入相对密度 1.88 钻井液 12.5m³，出口返出 1.5m³，漏失钻井液 11m³，关井观察、组织压井，起钻至井深 3527m，循环调整钻井液，间断下钻划眼至 6450m 不漏。

3. 优选钻井液体系和性能

1）钻井液体系的选择

在含有大段砾石层构造的区块钻井施工前，应首先对砾石层岩性、胶结程度进行调研，根据岩性、胶结程度的不同选用合适的钻井液体系。库车山前第四系、新近系上部地层都存在胶结性差、结构松散的巨厚砾石层，垮塌非常严重，且垮塌颗粒直径较大，一般颗粒直径都在 10mm×16mm×25mm，很难循环到地面。根据砾石层的这些特性，钻进中选用膨润土—聚合物钻井液体系，充分发挥正电胶的特性，配合高浓度膨润土浆，形成很强的网架结构力，有效的封堵砾石层垮塌，并有很好的携岩能力。钻穿该层位后下入套管进行分隔，保证下部施工顺利。对于埋藏较深的砾石层，其胶结程度比较好，主要是掉块严重，垮塌程度相对较低，钻井施工中一般采用高矿化度防塌钻井液体系。如在博孜102井存采用高钙盐聚合物钻井液体系,有利于砾石层的稳定,减少砾石层的垮塌。

2)钻井液性能

钻进中根据不同胶结、垮塌程度的砾石层,对钻井液性能的要求和控制不同,施工中根据现场具体情况及时调整性能。

(1)新疆的准噶尔盆地,昌吉凹陷沙湾东构造施工的金1井,一开 ϕ660.4mm 井深399m, ϕ508mm 表套下深398.67m。开钻采用正电胶—膨润土浆钻井液体系,配方为8%膨润土浆 + 0.5% Na_2CO_3 + 5% MMH + 0.5% JYP。钻进至147m发现砾石层,坍塌现象非常严重,提起钻具后再往下放只能放 1~2m,只有开双泵才能慢慢地放到底;下钻、接单根后开泵堵水眼,上提钻具遇卡等。调整钻井液性能,提高动/塑比值不小于1,主要采用膨润土浆控制流变性,钻至370m砾石层基本钻穿。井深399m一开完钻,下套管固井施工顺利。

(2)库车山前的博孜104井在 0~1800m 钻遇约1800m的未成岩—半成岩砾岩层,钻井液配方主要以大分子聚合物、小降失水剂复配为主;分子的浓度维持在 0.4%~0.6%,钻进中,按循环周连续均匀补充胶液,具体浓度可视钻井液黏切和失水适当增减包被剂降的量。控制好钻井液失水,加入沥青类防塌剂,防止垮塌。

4. 合理选择钻井参数

选择适当的排量。理论上,提高排量可以更好地清洗井底,并有一定的水力破岩作用。但对砾石没有效果。此外,提高排量对井径扩大严重的井眼环空返速影响不大。钻压的选择不宜大。钻胶结差的砾石层机械钻速比较快,但破碎不了砾石,钻屑比较大循环不出来,提起钻具放不下去,需反复划眼才能接上单根,并且排量越大划的次数越多,因此,钻砾石层要轻压慢钻、排量适中。推荐钻井参数为:660.4mm 井眼,钻压 30~80kN、排量 55~60L/s、转速 80~110r/min、泵压 6~10MPa;444.5mm 井眼,钻压 20~60kN、排量 45~55L/s、转速 80~110r/min、泵压 6~10MPa。必要时,可以尝试采用静压法破碎井底砾石。如果由于整跳钻无法减缓,钻进无法继续时,可将钻铤重量的80%左右压在井底(需考虑钻头的耐压强度),压断或破碎井底的大块砾石。该方法在某些井的使用效果明显。

5. 配套工艺技术措施

钻砾石层的难度很大,要顺利穿过它,需根据砾石层的特点做好每个环节的工作,不但要选择合理的钻井液体系和性能,而且还要有配套的工艺技术措施,如钻井液的黏切很高,如果起下钻具的速度快了,就容易拔塌或压漏地层等。根据工作中经验总结出如下几条措施。

(1)每钻进 2~3m 划眼一次,修整井壁,尽快除掉井壁上的不稳定砾石或钻屑破碎它,为以后的工作减少麻烦。

(2)每次钻完单根要循环 15~30min 后再接单根,并且接单根时要晚停泵早开泵,防止接单根时倒返钻井液堵水眼和接完单根放不下去。

(3)起下钻操作要平稳,严格控制起下钻具的速度,尽量放慢,防止激动压力抽跨或压漏地层。

(4)禁止钻头在井底以上的任何位置长时间循环,短时间循环也要不停地上提下放钻具,防止冲出"大肚子井眼"。

(5)下钻时中途要用单凡尔合理顶替钻井液,防止下钻到底开泵堵水眼或整漏地层。

(6)定期短起下钻清砂。由于砾石层井段井壁都不规则,在"大肚子井眼"处容易形成砂床和砂桥,造成蹩泵或卡钻,所以要定期进行短期下钻,清理砂桥和砂床,一般要求每钻进 200～300m 或每钻进 40～50h 短起一次。

6. 使用辅助工具

(1)减振器。钻砾石层时都有不同程度的蹩、跳钻现象,胶结比较好的砾石层跳钻更严重,无法正常加压钻进,只能加压 20～30kN 吊打,影响机械钻速。长时间跳钻还能损坏钻头和钻具,引起事故,所以钻砾石层时要使用减振器。目前常用的液压减振器基本上能消除跳钻对施工的影响。

(2)随钻震击器。钻砾石层时,砾石层的垮塌和掉块是无规律的,随时都有垮塌、掉块引起卡钻的可能。为了能及时处理这种卡钻事故,使用随钻震击器是非常有必要的。

(3)螺杆钻具。对于上部松散的砾石层,可以单独使用螺杆钻进,以消除因钻具转动产生的激动压力对井壁的破坏。对于下部胶结较好、可钻性差的砾石层可以配合 PDC 钻头使用螺杆加转盘复合钻进,提高机械钻速。

(4)采用大尺寸钻杆

由于垮塌、掉块及其引起的"大肚子井眼",使砂子返不出来,环空中砂子越来越多,最终引起泵压异常高,影响水马力的正常发挥。为了解决这个问题,采用大尺寸钻杆是一个非常好的方法,它不但能减小循环压耗,降低泵压,充分发挥水马力,而且还能减小环空,提高钻井液返速,提高携砂能力。

参 考 文 献

蔡春祥,王朝,曹得荣.2004.高钙盐钻井液在海参1井的应用.钻井液与完井液,21(4):61-62.

蔡立国,刘和甫.1996.杨子周缘前陆盆地演化及类型.地球科学,21(4):433-440.

陈发景,汪新文,张光亚,等.1996.中国中、新生代前陆盆地的构造特征和地球动力学.地球科学,21(4):366-371.

陈杰,Heermance R V,Burbank D W,等.2007.中国西南天山西域砾岩的磁性地层年代与地质意义.第四纪研究,27(4):576-577.

陈小二,范昆,汤兴友,等.2010.复杂山地地震采集技术在库车坳陷的应用.天然气工业,30(9):25-27.

邓秀芹,岳乐平,滕志宏,等.1998.塔里木盆地周缘库车组、西域组磁性地层学初步划分.沉积学报,16(2):82-86.

狄勤丰,王春生,李宁,等.2015.巨厚砾岩层气体钻井井眼特征.石油学报,36(3):372-377.

董浩斌,王传雷.2003.浅谈高密度电法几个问题.地质与勘探,39(增刊):120-125.

杜金虎,赵邦六,王喜双,等.2011.中国石油物探技术攻关成效及成功做法.中国石油勘探,16(5-6):1-7.

方甲兴,王兴武.2003.塔1井巨厚砾石层钻井技术.钻采工艺,26(6):4-6.

付建民,韩雪银,孙晓飞,等.2012.PDC钻头防涡技术在砾岩地层中的应用.石油钻采工艺.34(1):5-8.

傅良魁.1983.电法勘探教程.北京:地质出版社.

高绍智,张建华,李天明,等.2006.适用于砾石夹层钻进的PDC钻头.石油钻采工艺,(4).

高卫富,翟培合,施龙青.2011.三维高密度电法在煤矿斑裂区探测中的应用.工程地球物理学报,8(1):34-37.

郭鸣黎.2006.西部地区巨厚砾石层钻井难点及对策.西南石油学院学报,28(6):49-52.

郭正吾,邓康龄,赵永辉,等.1996.四川盆地形成与演化.北京:地质出版社.

韩小俊,韩波.2009.塔里木盆地库车坳陷中部地震速度场的建立方法.天然气工业,29(12):23-25.

何登发,李德生,吕修祥.1996.中国西北地区含油气盆地构造类型.石油学报,17(4):8-17.

何登发,吕修祥,林永汉,等.1996.前陆盆地分析.北京:石油工业出版社.

何光玉,卢华复,杨树锋,等.2004.库车中新生代盆地沉降特征.浙江大学学报:理学版,32(1):110-113.

何展翔,刘云祥,刘雪军,等.2008.三维综合物化探一体化配套技术及应用效果.石油科技论坛:49-54.

何展翔,陶德强,胡祖志.2009.三维电磁勘探技术试验研究.第九届中国国际地球电磁学术讨论会论文集:309-313.

贾承造,等.2000.前陆逆冲带油气勘探.北京:石油工业出版社.

贾承造,张师本,吴绍祖,等.2004.塔里木盆地及周边地层(下册).北京:科学出版社:119-130.

贾承造.1997.中国塔里木盆地构造特征与油气.北京:石油工业出版社.

贾进华,顾家裕,郭庆银,等.2001.塔里木盆地克拉2气田白垩系沉积相与储层特征.古地理学报,3(3):67-75.

贾进华.2009.陆相前陆盆地沉积充填与层序地层模式探讨——以库车前陆盆地为例.现代地质,23(4):739-745.

康玉柱.1996.中国塔里木盆地油气地质特征及资源评价.北京:地质出版社.

李春昱,等.1982.亚洲大地构造图及说明书.北京:地质出版社.

李德春,杨书江,胡祖志,等.2012.三维重磁电震资料的联合解释——以库车大北地区山前砾石层为例.石油地球物理勘探,47(2):353-359.

李剑,谢增业,肖中尧,等.1999.塔里木盆地天然气藏的气源识别.天然气工业,19(2):38-42.

李克昱,王基,等.1983.我国北部过渡及邻区的古板块构造与欧亚大陆的形成.//中国北方板块构造文集(第一集),中国科学院沈阳地质矿产研究所.

李双建,王清晨,李忠.2005.库车坳陷库车河剖面重矿物分布特征及其地质意义.岩石矿物学杂志,15(1):53-61.

李天明,李大佛,陈洪俊,等.2006.用于砾石夹层钻进的新型PDC钻头的研制与使用.探矿工程(岩土钻掘工程),(8).

李天明,李大佛,陈洪俊,等.2006.用于砾石夹层钻进的新型 PDC 钻头的研制与使用.探矿工程,(8):57-59.

李维锋,王成善,高振中,等.2000.塔里木盆地库车坳陷中生代沉积演化.沉积学报,2000,18(4):534-538.

李鑫,钟大康,李勇,等.2013.三维大地电磁测深在库车坳陷库车组岩性判别中的应用,59(2):326-332.

李颜贵,刘子龙,罗水余.2009.三维高密度电法用于工程勘查的试验.煤田地质与勘探,37(6):71-73.

李勇,曾允浮.1994.龙门山前陆盆地充填序列.成都理工学院学报,(21).

李曰俊,吴根耀,雷刚林,等.2008.新疆库车新生代前陆褶皱冲断带的变形特征、时代和机制.地质科学,43(3):488-506.

李忠,郭宏,王道轩,等.2005.库车坳陷——天山中、新生代构造转折的砂岩碎屑与地球化学记录.中国科学(D 辑),35(1):15-28.

李忠,王清晨,王道轩,等.2003.晚新生代天山隆升与库车坳陷构造转换的沉积约束.沉积学报,21(1):38-45.

梁狄刚,顾乔元,皮学军,等.1998.塔里木盆地塔北隆起凝析气藏的分布规律.天然气工业.18(3):5-9.

梁狄刚,贾承造.1999.塔里木盆地天然气勘探成果与前景预测.天然气工业.19(2):3-12.

梁狄刚,张水昌,陈建平,等.2002.库车坳陷油气成藏地球化学.有机地球化学新进展.北京:石油工业出版社:22-41.

梁狄刚,张水昌,赵孟军,等.2002.库车坳陷油气成藏期.科学通报,47(增刊):56-63.

梁狄刚.1997.塔北隆起"一分为二"形成南、北两个海、陆相油气系统的实例.中国含油气系统的应用与进展.北京:石油工业出版社.

梁顺军,雷开强,王静,等.2014.库车坳陷大北—克深砾石区地震攻关与天然气勘探突破.中国石油勘探,19(5):49-58.

梁顺军,彭更新,齐英敏,等.2003.山地复杂构造地震成图方法探讨.石油物探,42(4):529-537.

梁顺军,吴超,唐怡,等.2009.库车坳陷盐下构造畸变特征分析和校正.新疆石油地质,30(5):571-575.

梁顺军,肖宇,刁永波,等.2011.库车坳陷山地复杂构造速度场研究及其应用效果.中国石油勘探,16(4):59-64.

梁顺军,肖宇,刁永波,等.2011.库车坳陷山地复杂构造速度场研究及其应用效果.中国石油勘探,2011,16(4):59-64.

梁顺军,肖宇.2012.库车坳陷西秋构造带盐下低幅度构造圈闭研究及勘探思路.中国石油勘探,17(1):19-24.

梁顺军,肖宇.2013.潜伏背斜圈闭优选在强烈挤压断褶区油气勘探的重要性分析.中国石油勘探,18(1):1-14.

梁顺军,张晓斌,肖宇,等.2012.地震解释井位跟踪分析.石油地球物理勘探,47(2):315-322.

林畅松,刘景彦,胡博.2010.构造活动盆地沉积层序形成过程模拟——以断陷和前陆盆地为例.沉积学报,28(5):868-874.

刘和甫,梁慧社.1994.川西龙门山冲断系构造样式与前陆盆地演化.地质学报,68(2).

刘和甫.1993.沉积盆地地球动力学分类及构造样式分析.地球科学,18(6):699-722.

刘景彦,林畅松,肖建新.2003.库车坳陷古近系层序和沉积体系发育特征.煤田地质与勘探,31(6):8-10.

刘庆来.2005.高钙盐钻井液体系的研究与应用.石油钻探技术,33(3):26-28.

刘依谋,梁向豪,黄有晖,等.2008.库车坳陷复杂山地宽线采集技术及应用效果.石油物探,47(4):418-424.

卢华复,陈楚铭,刘志宏,等.2000.库车再生前陆逆冲带的构造特征与成因.石油学报,21(3):18-24.

吕公河.2013.宽线地震勘探观测系统参数对信噪比的影响作用分析探讨.石油物探,52(5):495-501.

罗延钟,万乐,董浩斌,等.2003.高密度电阻率法的 2.5 维反演.地质与勘探,39(增刊):107-113.

孟祥化,葛铭,等.1993.沉积盆地与建造层序.北京:地质出版社.

彭更新,梁顺军.2004.山区复杂构造低信噪比地震资料的修饰性处理.石油物探,43(3):251-257.

漆家福,雷刚林,李明刚,等.2009.库车坳陷——南天山盆山过渡带的收缩构造变形模式.地学前缘(中国地质大学(北京),北京大学),16(3):120 – 128.

漆家福,陆克政,陈书平,等译,A. W. 巴利(美)著.1995.地震褶皱带及有关盆地.北京:石油工业出版社.

钱奕中,陈洪德,刘文均.1994.层序地层学理论和研究方法.成都:四川科技出版社.

上官志冠,张培仁.1990.滇西北地区活动断裂.北京:地震出版社:156 – 169.

邵明仁,张春阳,陈建兵,等.2008.PDC钻头厚层砾岩钻进技术探索与实践.中国海上油气,20(1):44 – 47.

沈平,徐永昌,王先彬,等.1991.气源岩和天然气地球化学特征及成气机理研究.兰州:甘肃科学技术出版社.

石昕,孙东敏,秦胜飞,等.2000.煤成大中型气田天然气的碳同位素特征.石油实验地质,22(1):16 – 21.

孙继敏,朱日祥.1995.天山北麓晚新生代沉积及其新构造与古环境指示意义.第四纪研究,(1):14 – 18.

谭秀成,王振宇,李凌,等.2006.库车前陆盆地第三系沉积相配置及演化研究.沉积学报,24(6):790 – 797.

田作基,宋建国.1999.塔里木库车新生代前陆盆地构造特征及形成演化.石油学报,20(4):15 – 21.

王昌贵,等.1999.吐哈盆地侏罗系煤成烃地球化学.北京:科学出版社.

王飞宇,张水昌,张宝民,等.1999.塔里木盆地库车坳陷中生界源岩有机成熟度.新疆石油地质,15(4)301 – 306.

王荣培.2002.非烃地球化学和应用.北京:石油工业出版社.

王涛.1997.中国天然气地质理论基础与实践.北京:石油工业出版社.

王延民,梁红军,李皋,等.2012.塔里木DB区块砾石层特征及对优快钻井影响.新疆地质,(01).

王一新.1982.电法在石油勘探中是大有可为的.石油物探(4):122 – 123.

王永涛,陈高,何展翔,等.2008.南方某碳酸盐岩裸露地区重磁电三维采集技术.中国石油勘探,3:50 – 55.

王招明,等.2004.库车前陆盆地露头区油气地质.北京:石油工业出版社.

王招明,谢会文,李勇,等.2013.库车前陆冲断带深层盐下大气田的勘探和发现.中国石油勘探,18(3):1 – 11.

王振华.2001.塔里木盆地库车坳陷油气藏形成及油气聚集规律.新疆石油地质,22(3)189 – 191.

王子煜.2002.库车坳陷西部中新生代地层岩石物理和力学性质.地球物理学进展,17(3):399 – 405.

韦瑞表,刘兵,谭勇.2014.弯宽线采集技术在桂中山区的应用与效果.中国石油勘探,19(2):53 – 58.

魏国齐,等.2003.塔里木盆地中新生代构造特征与油气聚集.//贾承造.塔里木盆地石油地质与勘探(卷四).北京:石油工业出版社.

文百红,杨辉,张研.2005.中国石油非地震勘探技术应用现状及发展趋势.石油勘探与开发,32(2):68 – 71.

夏洪瑞,朱海波,邹少峰,等.2012.山前带地震资料噪声消除中存在的问题与对策.石油物探,51(4):562 – 569.

肖宇,梁顺军,倪华玲,等.2013.有关山地地震勘探构造成果的钻探失利井诠释与解析.中国石油勘探,18(4):26 – 35.

徐敏,杨晓,王静,等.2015.叠前深度偏移技术在复杂断块井位目标优化中的应用.中国石油勘探,20(3):73 – 78.

许京国,陶瑞东,李贵宾,等.2014.大北204井气体钻井实践与认识.钻采工艺,37(6):26 – 29.

杨六成,陈海福.2010.柴达木盆地甜参1井砾岩层厚度特征及其青藏高原隆升意义初探.青海大学学报:自然科学版,28(2):31 – 36.

于培志,苏长明,李家芬,等.2003.西部新区复杂地层钻井液技术.钻井工程,2(4):44 – 48.

曾庆全,孔繁恕,郑莉,等.2003.库车前陆盆地重磁电勘探述评.石油学报,24(3):28 – 33.

曾宪章,梁狄刚,等.1989.中国陆相原油和生油岩中的生物标志物.兰州:甘肃科学技术出版社.

张朝军,田在艺.1998.塔里木盆地库车坳陷第三系盐构造与油气.石油学报,19(1):16 – 20.

张建华.2006.西部地区砾石层钻井难点及对策.石油钻探技术,34(3):84 – 86.

张敏,林壬子,等.1997.油藏地球化学——塔里木盆地库车含油气系统研究.重庆大学出版社.

张师本,黄智斌,朱怀诚,等.2004.塔里木盆地覆盖区显生宙地层.北京:石油工业出版社:89 – 99.

张士亚,邵建军,蒋泰然,等.1988.利用甲、乙烷碳同位素判识天然气类型的一种新方法.//石油天然气论文集(第一集).中国煤成气研究.北京:地质出版社.

张水昌.2000. 运移分馏作用——凝析油和蜡质油形成的一种重要机制. 科学通报,45(6):667-670.

张之一,李旭.1994. 石油构造分析理论基础. 北京:地质出版社.

章泽军.1995. 根据砾石统计确定红色盆地中洪积扇体的基本原理与方法. 中国区域地质,(2):181-187.

郑洪波,Butcher Katherine,Powell Chris.2002. 新疆叶城晚新生代山前盆地演化与青藏高原北缘的隆升——地层学与岩石学证据. 沉积学报,20(2):274-281.

周天盛,刘祖建.2009. 卵砾石地层金刚石钻头的试验研究. 探矿工程(岩土钻掘工程),(11).

周巍,王鹏燕,杨勤勇,等.2012. 各向异性克希霍夫叠前深度偏移. 石油物探,51(5):476-485.

周兴熙.2000. 库车坳陷第三系盐膏质盖层特征及其对油气成藏的控制作用. 古地理学报,2(4):57-63.

邹光贵,林发权,熊伟,等.2010. 山前空气钻井实践与认识. 钻采工艺,(4).